I0052778

LE NEWTONIANISME DE L'AMITIÉ OU LETTRES PHILOSOPHIQUES SUR LA LUMIÈRE ET LES COULEURS.

Par A. P. JUSTIN DUBURGUA,

Membre non résidant de l'Académie Royale de Physique et d'Agriculture de la ville de Plaisance, Associé correspondant de celle degli Ortolani, de celle des Sciences et Arts de la ville d'Agen.

Naturam et socias leges nox cæca premebat
sis Newtone, deus dixit et orta dies.
ALGAROTTI.

A PARIS,

De l'Imprimerie de P. A. ALLUT, rue St.-Jacques, No 611, vis-à-vis le Prytanée.

AN XI. (1803.)

DÉDIÉ

AUX VERTUS, AUX RARES TALENS

DES CITOYENS

COSTE, premier Médecin des armées de la République, de plusieurs Sociétés savantes, etc.;

HEURTELOUP, premier Chirurgien des armées, de plusieurs Sociétés savantes;

PARMENTIER, de l'Institut national des Sciences et Arts, premier Pharmacien des armées;

VERGEZ, Docteur en médecine, de plusieurs Sociétes savantes, etc.

Membres du Conseil de Santé, près le Ministre de la guerre.

Comme une preuve de la vénération et de la gratitude de l'auteur.

A. P. J. DUBURGUA.

ÉLOGE

DU

COMTE C. BARATTIERI,

DE PLAISANCE.

ARRACHÉ du sein de l'instruction par la loi qui m'appelait aux armes, je fus privé, malgré moi, de ces leçons sublimes qui rendent l'homme digne de lui-même, pour payer à la patrie la dette que chacun de ses enfans lui doit.

Le sort m'appela en Italie, je croyais y perdre les faibles connaissances que les grands-maîtres avaient fait germer dans mon ame; et je voyais presqu'à regret ces contrées fameuses où l'imagination se promène dans les galeries de l'Histoire et de la Nature. Je croyais que le sanctuaire des arts s'était écroulé sous les efforts de Mars; et mon esprit alarmé ne méditait que sur les monumens des siècles qui furent, et ne se nourrissait que des vers enchanteurs du Tasse, de Dante, de l'Arioste, et de tant d'autres poëtes illustres, dont les lyres immortelles sont depuis long-temps muettes. Mais quel imposant tableau s'offrit à mon esprit prévenu? quelle erreur fut la mienne, lorsque j'osai penser que le génie n'allait point au-delà des Alpes? Voilà donc, m'écriais-je, ce peuple que je jugeai sur des effets mal calculés! et la voix de ce naturaliste qui vit tout avec l'œil du génie, de l'illustre Spallanzani, celle de Volta, d'Alfieri, de Montil, pénétrèrent jusqu'à mon cœur: saisi d'un saint étonnement, je saluai cette terre fertile en grands hommes, cette terre mal connue des étrangers, où les talens sont héréditaires.

Parmi les savans que je visitais avec empressement, je distinguai le comte Charles Barattieri, physicien, dont j'avais lu les ouvrages. Son affabilité pour tous les étrangers, fut ma seule recommandation pour parvenir jusqu'à lui: bientôt je fus son ami, et ce titre me fut à la fois cher et utile. Mais la destruction l'a frappé, celui qui s'élevait parmi les savans de sa patrie, et qui faisait leur espoir! il n'est plus, ce physicien dont le génie sévère pesait tous les systèmes connus et les mettait à leur place!

Il habite la triste demeure, ce philantrope vertueux dont la main bienfaisante essuya tant de fois les pleurs des infortunés; ce magistrat qui leur consacra son crédit et sa fortune.

O vous, qui me vîtes siéger avec lui dans votre auguste société, académiciens de Plaisance, qui partageâtes ses travaux, permettez qu'un Français dont il fut l'ami, le protecteur et le maître, célèbre sa mémoire, et fasse passer dans l'ame de tous ceux qui aiment les sciences, les justes regrets qui navreront toujours la mienne.

Charles Barattieri cadet (1) de l'illustre famille des comtes de ce nom, naquit à Plaisance, vers l'année 1738, et y mourut dans les mois qui viennent de passer. Le philosophe qui met tous les hommes au même niveau, qui ne les classe que par leurs vertus et leurs talens, ne s'arrête point à l'inutile détail de l'origine de celui dont il déplore la perte. Il ne dut à sa famille que l'avantage précieux de recevoir une éducation solide et brillante. Le comte Charles ne se distingua point dans ses études, par cette imagination vive qui franchit les obstacles, et qui permet, pour ainsi dire, d'accumuler l'instruction; il n'eut dans sa jeunesse qu'un talent bien rare, celui d'approfondir tout ce qu'on lui enseigna.

Il semble, d'après ce que je viens de dire, que M. Barattieri n'aurait dû compter que parmi ces hommes ordinaires, faits pour être l'écho des pensées d'autrui, sans pouvoir s'élever jamais au-delà du cercle étroit où leur esprit peu hardi semble les renfermer. Tel

---

(1) Son frère aîné, le comte J. François Barattieri, astronome aussi savant que modeste, a terminé sa carrière quelques mois avant celui-ci: coup cruel pour l'académie de Plaisance, qui perd en eux deux hommes qui devaient l'illustrer.

On lui doit quelques opuscules sur la physique et l'astronomie. C'est lui qui traça la méridienne qu'on voit sur la superbe place de Plaisance. J'ai vu dans son cabinet plusieurs machines très-intéressantes, et qui ne sont point connues. J'y distinguai un planisphère et un odomètre de son invention.

Plein de vénération pour le célèbre Lalande qu'il ne connaissait que par ses ouvrages, il me chargea de plusieurs mémoires pour les lui faire parvenir; mais je les perdis dans mon naufrage sur la côte de Gênes.

fut en effet, pendant bien long-temps, celui dont j'écris l'éloge.

Il possédait cependant les langues grecque, latine, allemande, française et anglaise; il n'a écrit que dans la sienne. Il avait étudié, avec le même succès, les mathématiques et le dessin.

Né avec un cœur sensible et brûlant, il fut plus affecté que d'autres, du sort rigoureux qui le condamnait, comme cadet de famille, à ne jamais prétendre aux doux noms d'époux et de père. Il sut supporter ses maux en imposant silence aux passions qui lui criaient de braver l'usage barbare qui le vouait à d'éternels regrets.

Miné par la douleur, il voulut fuir le climat où tout lui semblait plein de l'objet auquel il devait renoncer: il chercha le calme en voyageant; ignorait-il que les plaies du cœur saignent en tous lieux? que ce souvenir nous présente sans cesse des tableaux de bonheur et de peine, sur lesquels nous versons des larmes!

Il visita l'Allemagne, la Prusse, la France et l'Angleterre: c'est là que son génie se développa; c'est à la vue du tombeau de Newton, qu'il sentit qu'il était né pour les sciences physiques. Elles devinrent le songe de ses nuits, l'objet de ses perpétuelles méditations. Il vit alors les Volta, les Boscovich, les Saussure; il brûla de les imiter; et chez les hommes nés pour être grands, le désir est toujours suivi du succès.

Rendu à sa famille et à la tranquillité, il se livra à l'étude de la physique; ses progrès y furent rapides: mais l'homme qui n'avait pas connu dans sa jeunesse le délire de l'imagination, s'égara à cet âge où l'on revient toujours sur les erreurs du passé.

Son génie fut, si je puis m'exprimer ainsi, semblable aux éruptions des volcans, qui sont d'autant plus terribles qu'elles sont plus tardives. Il donna plusieurs dissertations très-savantes sur différens sujets; mais il abandonna sans réflexion, le système du philosophe qu'il avait pour modèle, sans oser prétendre de l'égaler, parce qu'il est inimitable. Il s'attacha à rechercher des erreurs, des équivoques qu'il supposait, dans la théorie newtonienne, sur la lumière et les couleurs, et se crut autorisé à adopter l'opinion de Du Fay et de plusieurs autres anti-newtoniens qui réduisirent les couleurs solaires à trois. C'est ainsi qu'il s'éloignait des idées reçues, qu'il renonçait par degrés aux vérités newtoniennes, pour présenter ensuite ses opinions, qu'il commença à développer dans une Dissertation imprimée à Plaisance en 1793.

Elle a pour titre: *Conghiettura sulla superfluità della materia colorata, o dè colori nella luce, è del supposto intrinseco suo splendore.*

Cet auteur est peu connu en France, il est donc nécessaire de présenter le résumé de ses idées sur la lumière et les couleurs. Il s'efforce de démontrer, avec autant de précision que de talent, qu'on ne peut admettre des couleurs et une splendeur inhérentes à la lumière; il explique comment elle doit agir sur l'organe de la vue, et passe enfin aux propositions suivantes.

1o. « La lumière est un fluide très-subtil, sans

« matière colorée, sans couleurs, sans clarté, com-
« posé de particules homogènes, insensiblement élas-
« tiques, qui s'attirent réciproquement, et susceptibles
« d'être attractées ou réfléchies par les corps propres à
« agir sur nos yeux.

2°. « Les sensations que nous avons des couleurs,
« des divers degrés de clarté, dérivent de la valeur
« que l'ame inhérente au *sensorium commune*, donne
« aux rapports de l'organe de la vue, dont les fibres
« destinées à cet effet, étant secouées par le choc
« des molécules de lumière, ou par d'autres causes,
« passent graduellement de l'état de repos parfait à
« celui de commotion totale, présente les divers modes
« d'ébranlement, sur lesquels l'ame imprime les idées
« qui nous servent ensuite à distinguer le noir des
« ténèbres, les couleurs foncées, vives, claires, le
« blanc et la clarté.

3°. « L'action des molécules de lumière, réunies en
« grand nombre, lancées avec une vélocité (dite de
« premier degré,) excite dans la rétine une forte com-
« motion, dont nous nommons le rapport, splendeur,
« clarté 1ere et improprement vive lumière non colorée;
« le degré de son intensité est relatif au nombre desdites
« molécules, et à la force non interrompue de premier
« degré du corps qui les repousse.

4°. « L'action des molécules de lumière, lancées avec
« un peu plus de divergence que celle qui a lieu par
« l'action vigoureuse et immédiate du soleil, ou avec
« une telle vélocité, que nous désignerons par 1er
« 2e, 3e, 4e degrés, excite dans la rétine un ébran-

« lement moins fort, dont nous nommons le rapport
« clarté dorée, azurée, rougeâtre; le degré de son
« intensité correspond au nombre des molécules lancées
« en raison inverse de leur divergence, ou en raison
« directe de la force des 2e, 3e, 4e degrés du corps
« repoussant; et la variété de l'idée de couleur que
« nous y appliquons, correspond au plus grand ou
« plus petit degré de la commotion excitée dans l'organe
« de la vue.

5o. « Un nombre de molécules de lumière réunies,
« moindre que celui qui produit la sensation de clarté
« première, lancées avec une vélocité assez grande,
« que nous nommerons de 1er degré, excite dans la
« rétine une forte commotion dont le rapport est nom-
« mé blanc. Le degré de sa clarté ou de son inten-
« sité correspond au nombre des molécules.

6o. « Un nombre de molécules de lumière, moindre
« que celui qui produit la sensation de clarté dorée,
« azurée, rougeâtre, lancées avec une velocité de
« 2e, 3e, 4e degrés, et en divergeant, excite dans la
« rétine une commotion dont nous nommons le rapport,
« jaune, bleu, rouge. Le degré de son intensité ou
« clarté, correspond au nombre des molécules de
« lumière; et la variété de l'idée des couleurs que nous
« y appliquons, correspond à la plus forte ou plus
« faible commotion excitée dans l'organe de la vue. »

7o. « Un nombre de molécules, de lumière poussées
« ou réfléchies par un même corps, ou bien par
« plusieurs corps, avec une variété proportionnée à

« la diversité de ses espaces élastiques, et conséquem-
« ment *réfléchissantes*, excite dans la rétine, ou dans
« les diverses fibres de l'organe de la vue, différentes
« commotions dont les rapports sont nommés, dans
« certains cas, *splendeur mixte*, et dans d'autres, *cou-
« leur bigarrée* : ce qui n'a lieu cependant que lorsque
« la différence agit par des quantités analogues, unies
« en nombre ou en extension visible. Mais lorsque
« la différence est moindre ou non désunie, l'action
« de l'attraction réciproque des molécules de lumière
« différemment poussées ou réfléchi s, dégage les
« forces directes en une moyenne proportionnelle ;
« et excite dans le fond de l'œil une commotion dont
« le rapport se nomme, dans certains cas, *splendeur*,
« *clarté composée*, et dans d'autres, *couleur secondaire.*

COROLLAIRE.

« La force plus ou moins directe, plus ou moins
« intense, avec laquelle un grand nombre de molécules
« de lumière ou de quelqu'autre fluide semblable,
« heurtent, ébranlent et mettent en action l'organe
« de la vue, est (à mon avis) la seule cause qui
« excite en nous cette sensation que nous nommons
« *splendeur*, *clarté*, avec ses modifications. La diminu-
« tion du nombre des molécules change la clarté en
« blancheur ; celle-ci va de même jusqu'au noir. La
« clarté dorée, azurée, rougeâtre, devient de même
« couleur jaune, bleue, rouge, et forme, directement
« ou indirectement, tous les composés avec leurs gra-
« dations, de la couleur la plus claire à la plus foncée.

« ou la plus obscure. Comme la richesse des produits « permet de supposer raisonnablement qu'il n'existe « dans aucun corps deux parties également élastiques, « ni deux molécules de lumière parfaitement égales; « on peut dire, à la rigueur, que toutes les couleurs « sont plus ou moins composées, etc. »

Il appuie ensuite sa théorie, en rapportant des expériences et des observations précises et nombreuses. Il donne une explication très-satisfaisante des couleurs accidentelles de M. Jurin. Il examine l'élasticité des corps, qu'il regarde comme la cause première de cette variété de couleurs dont ils sont ornés. Tous, dit-il, sont plus ou moins élastiques ; aussi sont-ils propres à réfléchir inégalement les molécules de lumière, et à leur conserver, totalement ou en partie, le degré de vélocité avec laquelle elles sont lancées ou mises en action par les corps lumineux.

Dans les observations qu'il a faites, il cite l'ivoire; qu'on range parmi les corps très-élastiques, et dont la couleur blanche favorise la conjecture énoncée proposition 5eme.

Le froid qui, suivant plusieurs naturalistes, restreint les corps et les rend plus élastiques, ne présente que des objets blancs. L'humidité qui diminue l'élasticité, diminue aussi la clarté des teintes. Presque tous les corps colorés sont plus foncés lorsqu'on les mouille, que lorsqu'ils sont secs. Les étoffes de soie d'une couleur quelconque, perdent la force de leurs teintes, et blanchissent à l'action de la lumière; par l'exercice de l'élasticité des filamens dont elles sont tissues. Je ne rapporterai pas toutes les expériences du physicien italien ; mais je crois qu'un newtonien, à la hauteur des connaissances chimiques, donnera avec facilité de meilleures explications des phénomènes cités. L'élasticité des corps devrait cependant être considérée dans la réflexion des couleurs, et rentrer ainsi dans l'ordre des faits newtoniens. (1) Notre auteur soutint savamment ses idées, par plusieurs mémoires imprimés séparément, ou insérés dans les *Opusculi scelti di Milaneo*. Il me permit de traduire, sous ses yeux et sur son manuscrit, sa Théorie sur la Coloration de la lumière réfléchie et de la lumière directe. Ses principales idées sont, 1°. « qu'on n'obtient « jamais de couleur, si le rayon ou faisceau de lumière « ne souffre deux *aberrations perturbées*. (2)

2°. « *Deux abberrations perturbées* analogues (vers « le même côté) produisent les couleurs, qui du « jaune clair passent par degrés au rouge foncé.

---

(1) J'ai cru pouvoir me servir de cette hypothèse dans un *Essai sur les sensations de l'Odorat et du Goût*, publié à la suite de mon *Newtonianisme de l'Amitié*, ou *Lettres sur la Lumière et les Couleurs*, qui est maintenant sous presse, pour paraître en Vendémiaire prochain. J'ai développé dans cet ouvrage, toutes les idées du Comte Barattieri, sur la coloration.

(2) Il nomme *aberration perturbée*, la déviation inégale que souffrent les rayons d'un faisceau de lumière, réfracté par un milieu terminé par deux plans non parallèles.

Cette aberration n'est donc que la réfraction ; mais, malgré cette certitude, malgré la critique de plusieurs savans, je n'ai pas cru devoir changer l'expression de l'auteur, dont on doit toujours respecter le texte.

3o. « *Deux aberrations perturbées opposées* produi-
« sent la série des couleurs, qui du bleu clair pas-
« sent par degrés au violet foncé.

4°. » Trois *aberrations perturbées* alternatives
« produisent le verd, pourvu que le blanc n'inter-
« vienne point. »

Je ne dois pas m'étendre davantage sur cet intéressant ouvrage, que les savans jugeront bientôt en notre langue : ils auront seuls le droit d'en calculer le mérite; et si j'ai donné quelquefois mon avis, j'ai imité Montaigne, qui le donnait *comme sien*, *mais non comme bon.*

Qu'il me soit permis maintenant d'admirer ce génie vaste, qui, dépouillé des idées vulgaires, a su s'ouvrir une route nouvelle en attaquant le colosse révéré du newtonianisme; qui, sûr d'avoir dépouillé son amour-propre, et d'avoir travaillé pour la vérité, attendit avec calme que le raisonnement et l'expérience détruisissent ou confirmassent sa théorie.

Il m'est impossible de donner ici un résumé des travaux de ce savant qui méritait plus de renommée. Il cultivait avec succès toutes les parties de la physique. On le voyait ailleurs éclairer du flambeau de la théorie tous les travaux de l'agriculture. Il se mêlait aux laboureurs, et partageait leurs agricoles occupations. Je croyais voir alors ces dictateurs, ces consuls vénérables, qui maniaient de la même main qui gagna des batailles, la charrue qui prépare les champs à la fécondité. Déjà la force de l'exemple entraînait tous les possesseurs, et il en résultait une améliorations sensible dans la culture des terres du duché de Plaisance.

Il abandonnait souvent le calme des campagnes, pour porter jusqu'au Souverain dont il était chéri, les cris du pauvre et de l'orphelin. Il lui peignait tous les sentimens du peuple, avec cette noble franchise qui est la compagne de l'homme de bien. Il ne se servait de son crédit que pour briser l'oppression du puissant, prête à plomber sur le faible. Ses mœurs, sa vie sans reproche, le faisaient respecter par les courtisans qui entourent toujours les potentats. Ces bas adulateurs le fixaient avec envie, avec peine; parce que la vertu fait honte au crime, comme un miroir à la laideur.

Qui l'eût dit que je le voyais pour la dernière fois, ce savant respectable, lorsque le calme de la paix me rendit à ma patrie? aurais-je pu penser, lorsque je le quittai, que sa main ne serrerait plus celle de son jeune ami?... Plus!. Son corps dort pour toujours dans le silence de la matière; et son ame pieuse reçoit le prix de plus de soixante ans de vertus. Les accens de la douleur ont suivi sa pompe funéraire: les malheureux étaient sa famille, et les malheureux l'ont pleuré.

Le comte Charles Barattieri était bon, sensible, doux, mais vif, fier envers ceux qu'il n'estimait pas; trop franc, peut-être, pour vivre à la cour. Sa taille était élevée, sa démarche pleine de noblesse, et sa figure annonçait une belle ame. Il aimait les étrangers, et leur donnait même, avec partialité, la préférence sur ses concitoyens. Le peuple dont le témoignage n'est jamais faux, avait pour lui autant d'amour que de vénération. Oh! combien de fois entendais-je dire, lorsque je me promenais avec lui: *C'est celui-là qui est bon, qui est humain!* et le vieillard à cheveux blancs, se traînait pour imprimer sur sa main le baiser de la gratitude. Il jouait complaisamment avec l'enfant du pauvre, auquel sa mère le montrait... alors il leur glissait des secours furtifs; et rougissait s'il était aperçu. Jamais je ne fus insensible à ces scènes touchantes; la larme du sentiment sillonnait ma joue, les élans de la vertu agitaient mon ame, et la philosophie en pratique m'était mille fois plus précieuse, que celle qu'un auteur, bel-esprit étale avec affectation dans des discours pompeux auxquels son cœur ne prend aucune part.

O vous, qui êtes placés par l'usage au-dessus du peuple, grands qui vécûtes avec lui, vous que j'entendis souvent traiter son humanité de faiblesse, vous qui croyez que celui qui est affable pour tous, se dégrade de son rang, voyez quel est le prix de la vertu, entendez les plaintes sincères qui s'échappent de tous les cœurs; et si vous enviez un seul instant les larmes qui arrosent le marbre qui couvre les restes du juste, les infortunés retrouveront en vous tous, celui qu'ils viennent de perdre; brisez la verge des vexations, et alors vous serez dignes de l'estime du philosophe.

O vain espoir! ô Barattieri! ô mon respectable ami! ta perte est irréparable! ...... ta mort est pour moi la nuit des tempêtes: j'errerai seul dans le dédale de la vie...... Déjà la Physique en pleurs, les Mathématiques austères, toutes les Sciences exactes, sans appui dans ta patrie, se réfugient près de ta froide poussière.

Dors en paix dans l'éternel silence, ombre chérie et vénérée! ta mémoire sera sacrée pour toutes les classes, comme pour tous les âges. Les mois de l'oubli ne passeront point sur ta tombe; et le voyageur sensible qui la verra, dira avec attendrissement :

ICI REPOSE LE SAVANT ET L'HOMME DE BIEN.

Je viens de soumettre à l'impression un manuscrit intitulé: *Le Newtonianisme de l'Amitié, ou lettres sur la lumière et les couleurs.*

Cet ouvrage paraîtra, chez *Allut,* imprimeur-libraire, dans le courant de frimaire.

AVANT-PROPOS.

SOLITAIRE au milieu de tous, éloigné de ces plaisirs qui font le charme de mon âge, le malheur, un caractère triste me portèrent à chercher dans les sciences, des consolations que je ne pouvais trouver ailleurs. L'étude absorba tous mes momens; et si je ne fus pas heureux, j'appris à supporter mes maux.

J'avais un ami que l'infortune avait plus cruellement frappé que moi: arraché du sein de l'instruction, par la loi qui l'appelait aux armes; sans appui, sans fortune, il allait perdre tous les fruits d'une éducatoin première, lorsque je m'efforçai de le soutenir dans cette pénible circonstance.

A dix-huit ans, l'amitié me força de m'instruire pour deux; mon projet était approuvé par un chef estimable (1), tous mes travaux obtenaient son encouragement, des applaudissemens payaient avec usure les soins que je donnais à mon élève : en fallait-il davantage pour m'exciter

(1) Le citoyen *Feret*, officier de santé en chef de l'armée d'Italie.

à de plus difficiles entreprises ? De tous les sentimens l'amour-propre est le plus fort; il est insupportable, s'il nous fait croire que nous savons; il est louable, s'il nous fait désirer de savoir. Il me faisait applanir toutes les difficultés: déjà, dans mon idée, je me promettais d'égaler mes modèles; mais je voulais que mon ami parcourût la même carrière aussi vîte que moi.

Nous allions commencer l'étude de l'optique de Newton, lorsque le sort des armes nous sépara. Je fus placé à Lodi, ville charmante et fameuse, où les arts trouvent plusieurs amis. J'y vivais tranquille, partageant mes jours entre quelques sociétés aimables et mes occupations littéraires. Mon jeune ami m'arracha à une apparente oisiveté; il me rappela que j'avais été son maitre, et qu'il était de mon devoir de finir mon ouvrage, en lui faisant connaître les travaux de Newton, dont je lui avais tant de fois tracé l'éloge.

Malgré ma bonne volonté, cette entreprise m'effraya : parler des sublimes vérités du newtonianisme à un homme qui n'avait pas la moindre connaissance des mathématiques, me semblait une tentative infructueuse. Le citoyen *Mancini*, jeune homme savant, que Melpomène a déjà couronné plusieurs fois, leva toutes les difficultés, en m'offrant Algarotti pour modèle. Je lus alors, je méditai, pour la première fois, les œuvres de ce philosophe charmant. Le *Neutonianisme delle donne*, fixa sur-tout mon attention ; je voulus le traduire ; mais je renonçai à ce projet, lorsque j'eus senti toute la difficulté de faire passer dans notre langue les beautés qui y sont prodiguées.

Cependant mon ami me pressait ; il fallut me donner tout entier à cette entreprise ; et Newton original, ou traduit par M. Coste, formèrent, avec les dialogues d'Algarotti, le fonds de ma correspondance qui n'était lue qu'à un petit nombre d'amis, et que je n'avais pas le désir de publier. Bientôt mes lettres formèrent un traité d'optique complet. Plusieurs physiciens italiens qui le lurent, daignèrent l'approuver; tous m'invitèrent à le faire imprimer ; mais je m'en défendis, en alléguant ma jeunesse qui ne serait pas un motif d'excuse aux yeux du censeur sévère.

Madame la comtesse Roxane Somaglia, qu'on peut, sans flatterie, comparer à la savante marquise du Châtelet, était du petit cercle d'amis qui encourageait mes premiers efforts. En approuvant ce que j'avais fait, elle ne put se défendre de me témoigner le ressentiment de son sexe, pour n'avoir point conservé, comme les Fontenelle, les Voltaire, les Algarotti, une femme pour écolière. « Il m'eût été si doux « d'être la vôtre, me dit-elle en souriant ».

« Ah madame! le maître n'aurait pu suffire à son bonheur! Ardent à vous plaire, dès le commencement j'aurais présenté la science avec clarté, pour vous attacher à moi; mais, oubliant bientôt mes grands maîtres, j'aurais cédé à un plus grand encore; les lois de l'attraction se seraient toutes développées dans votre sourire: en fixant vos beaux yeux, nous aurions ignoré tous deux comment nous voyons; mais vous auriez été bien sûre de l'impression que m'aurait causée votre aspect. Non, madame, je n'ai pas dédaigné votre sexe; je l'ai redouté: voilà mon excuse».

C'est ainsi que je fis pour l'amitié, ce qu'Algarotti fit pour une femme idéale. Mon ouvrage doit être utile à tous ceux qui, voulant parfaitement connaître l'optique, n'ont cependant pas le tems de se livrer à l'étude des mathématiques, sans lesquelles on ne la démontre pas. Il épargne des frais, des soins assidus pour répéter des expériences très-délicates, ainsi que des computations assez longues. Rappelé en France par la paix que nous devons au héros législateur qui fait notre félicité, adonné à mes études favorites, je vis avec douleur que cette belle partie de la physique était négligée : je vis que la majeure partie de mes condisciples, livrés à d'autres méditations, ignoraient absolument pourquoi les corps sont colorés, pourquoi et comment nous voyons ; j'accusai les maîtres qui présentent cette science d'une manière qui rebute cet âge où il faut donner quelque chose au plaisir : alors je conçus le désir d'être utile en ménageant le tems, en évitant des travaux pénibles à ceux qui aiment les sciences naturelles, à ceux surtout qui chérissent le nom de Newton : sans oser entreprendre la lecture de ses ouvrages, je revis mon Newtonianisme de l'Amitié, je le corrigeai, je l'augmentai de la traduction de la théorie du comte Barattieri, physicien de Plaisance, qui eut la bonté de m'en céder le manuscrit, et lorsque je crus mon travail completté, je me déterminai à le publier.

Qu'il est effrayant ce premier pas qu'on fait dans la carrière littéraire! oh! que je plains ceux qui ont comme moi la manie d'écrire! sans cesse je vois le critique faire main-basse sur mon ouvrage, m'imprimer la tache ineffaçable de mauvais auteur, et me condamner au silence et à un éternel oubli. Mes nuits sont troublées par des songes nés de la confusion de mes idées pendant le jour : si on prononce mon nom, je crois que ce n'est que pour censurer le fruit de mes travaux. O vous, qui me lirez, ne m'accablez pas si vous êtes méchans et si le seul plaisir de médire vous a armés contre moi; mais si les savans me censurent, je recevrai leurs avis avec joie, trop heureux de parvenir à la vérité, à la perfection, en profitant de leurs réflexions.

Le Newtonianisme de l'Amitié n'est absolument, je le répète, que l'analyse, le tableau des opinions de plusieurs philosophes, présenté d'une manière claire et facile, à un jeune homme qu'on suppose sans notions préliminaires en géométrie.

1°. J'expose rapidement l'histoire de la physique. 2°. Je fais le tableau du cartésianisme, avec les corrections du père Mallebranche ; je m'efforce de le réfuter. 3°. Je démontre avec précision, sans le secours des figures géométriques, le système de Newton sur la lumière et les couleurs, et sur l'attraction. 4°. J'analyse et je combats les opinions anti-newtoniennes sur la lumiere. 5o. Je considère la lumière dans les phénomènes chimiques. 6°. Je présente la théorie du comte Barrattieri sur la coloration, théorie que j'ai traduite sous les yeux et sur le manuscrit de l'auteur, et qui esta bsolument inconnue en France. En la traduisant littéralement, je fais appercevoir son faible, par quelques réflexions.

J'ai dû inventer quelques mots pour rendre mes idées : on me les pardonnera dans un ouvrage où j'ai su éviter le langage abstrait des géomètres, pour faire aimer cette intéressante partie de la physique.

Le philosophe vénitien dont l'ouvrage m'a été si utile, est peu connu en France, il est juste de jeter quelques fleurs sur sa tombe, de prouver au monde savant combien ma vénération et ma gratitude pour cet auteur sont grandes.

François Algarotti naquit à Venise, le 11 décembre 1712, de parens riches et honorés. Il fut éduqué à Rome, jusqu'à l'âge de quatorze ans, et de là il revint à Venise pour y finir ses études sous les yeux de son père. Il eut la douleur de le perdre bientôt ; son frère pressa son éducation, et l'envoya à Bologne sous le célèbre Eustachio Manfredi. Il fit des progrès dans toutes les sciences ; il apprit le grec, la géométrie, la physique, la peinture, l'astronomie, enfin, presque toutes les sciences réelles. Il écrivait en latin, comme les auteurs du siècle d'Auguste ; on en voit la preve par plusieurs dissertations physiques et astronomiques qu'on a de lui en cette langue. Il fut l'admirateur, le prosélyte, et le représentant de Newton en Italie, et le premier des Italiens qui ait entrepris de rendre le langage philosophique intelligible pour tous.

Son *Newtonianisme* sur-tout fit sa réputation : il le lut à plusieurs savans français qui le comblèrent d'éloges. Voltaire qui renonçait au plaisir de charmer les Français par les accords de son luth harmonieux, et qui préferait aux lauriers du Pinde, les faveurs d'Uranie et des mathématiques, fut surpris de voir un jeune homme de vingt-deux ans, qui joignait aux graces d'nne conversation aimable, et à la vivacité d'un génie poétique, des connaissances exactes sur les sciences les plus sublimes et les plus abstraites, et qui était l'auteur d'un ouvrage scientifique dans l'âge où les autres hommes commencent à apprendre.

Cet ouvrage fut lu à Cyrei, par M. de Voltaire et par la marquise du Châtelet, qui, dans cette retraite si odieuse aspirait, au milieu des idées philosophiques, au titre glorieux de femme savante. Le jeune Algarotti mérita les applaudissemens de cette dame célèbre, ainsi que ceux du premier des savans français qui fit son éloge d'une manière peu équivoque, et voulut même le faire traduire. Il le fut enfin, et cette traduction parut à Amsterdam en 1740. M. Perron de Castera, qui en était l'auteur, ne présenta que le squelette du *Newtonianisme delle donne*; il fut privé non-seulement de la beauté du style de l'original, mais plein de contre-sens, d'erreurs grossières qui révoltent, et d'idées quelquefois contraires à celles de l'auteur. Il l'accabla de notes ennuyeuses, où il remonte jusqu'à saint Augustin. M. Guyot Desfontaines s'offrait pour en faire une nouvelle version, mais j'ignore ce qui l'en empêcha.

Peu de Français ont lu cet ouvrage dans sa langue originale, aussi fut-il blâmé, critiqué par M. de Solignac et beaucoup d'autres.

Mais Algarotti eut en sa faveur le jugement de tous les vrais savans, tels que quelques détracteurs ne purent ternir sa gloire. Le *Newtonianisme* fut traduit en russe, en anglais, en allemand et en portugais, et toujours. mal. Mylord Harvey célébra le nom d'Algarotti en Angleterre, en composant en son honneur six vers qui imitent le distique d'Ovide à la louange de Lucrèce.

Carmina sublimis tunc peritura Lucreti
Exitio terras cum dabit una dies.

Les vers anglais furent traduits presque littéralement en italien.

Quando il sol più non spanderà suoi raggi
E gli occhi avran lor facolta perduta,
Allor morran questi color, quest' ottica.
Giacerà il genio, e il tuo saper sepolta
Di Newton l'anglia obblierà la fama
E sarà ignoto d'Algarotti il nome.

Algarotti compta pour amis presque tous les grands hommes de son temps; et la faveur des têtes couronnées le suivit même au tombeau. Il fut le confident du roi philosophe. Frédéric déposa le faste de la couronne, pour goûter avec lui les douceurs de l'amitié.

Il mourut à Pise, sans gémir sur les maux qui l'accablaient, entouré des sciences, qui eurent son dernier soupir à l'âge de cinquante-deux ans. C'est dans cette ville que j'ai vu son superbe tombeau, avec ces inscriptions qui honorent autant le monarque qui les dicta, que le savant qui les mérite. On lit sur ce mausolée,

ALGAROTI OVIDI ÆMULO
NEWTONII DISCIPULO
FREDERICUS MAGNUS.

ALGAROTTUS, SED NON OMNIS.

ANNO DOMINI M. D. CC. LXIIII.

Ce grand homme, moissonné par ses travaux, fut prudent, docile et doux. Il fut bienfaisant, même pour des ingrats. Il n'affectait point l'air distrait du géomètre pensif, ni le visage triste des philosophes justement ridiculisés par Horace; mais il avait un caractère franc, ouvert, un aspect gai, des yeux vifs et sereins, et un abord affable et obligeànt. Il a écrit sur la musique, sur la poésie, l'astronomie, la politique, la tactique militaire, la peinture, et d'autres ouvrages sur plusieurs sciences où il ne fut jamais le second.

Tel est le faible éloge d'Algarotti, auquel je dois l'ouvrage que je publie avec confiance, après avoir obtenu l'assentiment de plusieurs Physiciens célèbres, et principalement de M. le c. mte Barattieri, directeur de la Classe des Sciences physiques de la Société royale de Physique, d'Agriculture et des Arts de la ville de Plaisance, qui joint aux plus rares connaissances le jugement le plus sain, et qui a daigné examiner mon *Newtonianisme* avant qu'il fût livré à l'impression.

LE NEWTONIANISME DE L'AMITIÉ.

LETTRE PREMIÈRE.

Exposé de l'Histoire de la Physique, depuis Pithagore et Aristote, jusqu'à Galilée et Descartes.

QUEL est donc ton téméraire desir, mon cher Ariste? Pourquoi me choisir pour maître d'une science où je suis à peine écolier? Ton imagination embrasse tout avec avidité; ardent dans tes volontés, rien ne peut te résister, et ton ami qui connaît ton caractère, accepte avec douleur l'emploi que tu lui donnes. Evoquons le génie de Newton, celui du charmant Algarotti, qu'ils m'enflamment également, afin que je te guide dans le sanctuaire de l'optique.

Je vais, par un détail rapide, t'apprendre l'histoire de la Physique. Si mes efforts ne peuvent te satisfaire, si j'ai le malheur de t'ennuyer, nous renoncerons à notre entreprise.

L'homme, naturellement curieux, a dû dans tous les tems considérer les choses qui sont autour de lui, celles qui sont loin, et insensiblement tout ce qui compose l'univers. Il classa les objets d'après les apparences, suivant les variations qu'ils éprouvent ; il crut pouvoir alors expliquer les causes, les effets et les qualités ; ardent de savoir, ou au moins de montrer qu'il savait, il osa tenter l'explication de l'immense harmonie de la nature : tous pensèrent diversement ; chacun eut des disciples et émit ses illusions comme la réalité.

L'école italique fut la plus raisonnable de toutes ; ses opinions concordent avec les découvertes modernes. Pithagore en fut le chef ; avide de science, ce grand philosophe voyagea pour la vérité, brava tous les périls pour connaître les doctrines de l'Egypte et de l'Orient, où fleurirent jadis les meilleurs observateurs des choses naturelles. Oui, mon cher Ariste, ces contrées habitées par un peuple stupide et opprimé, furent autrefois la patrie des arts les plus élevés ; étrange effet des révolutions des siècles ! Les ruines de leurs antiques cités attestent à peine quelle fut la haute destinée de ces nations. Le nom de Pithagore et de tous les autres philosophes fut obscurci par celui d'Aristote dont le grand Alexandre se glorifiait d'être le disciple. Les Arabes civilisés par leurs conquêtes, s'emparèrent de sa doctrine, la commentèrent, l'interprétèrent en cent façons, et il en résulta une philosophie monstrueuse. On parla d'après lui un jargon particulier : *Qualités occultes*, *modalité*, *entité*, etc. furent les mots qu'on employa pour rendre compte de chaque effet de la nature. Telle fut la science qui régna pendant plusieurs siècles : juge combien les progrès de l'esprit humain dûrent être lents. Mais Galilée naquit : ce grand homme dont la Toscane s'honore, déchira le voile de l'ignorance ; il vivifia l'école italique, et atterrant l'arabesque édifice de l'aristotélisme, il posa de la même main les fondemens du temple du savoir dont Newton éleva le faîte.

Il ne parla point le langage orgueilleux et inintelligible de ses prédecesseurs ; il fit des expériences nombreuses et diverses, pour connaître les qualités des choses ; il interrogea la nature en doutant, et ne s'en rapporta jamais aux hypothèses. Il laissa de côté l'étude des causes premières, et mit toute son application à celle des effets, afin de s'assurer comment les choses étaient, avant de chercher pourquoi elles étaient ainsi, et il donna de cette manière une forme nouvelle au vaste règne de la Physique. Un grand homme disait de lui qu'il fut parmi les philosophes, ce que Pierre le grand fut parmi les monarques. L'un disait-il, descendit du trône pour apprendre à régner, et l'autre cessa d'enseigner pour étudier encore ; et si les lois de l'un eurent la force de ressuscister la vertu d'une nation depuis tant de siècles endormie, la méthode de l'autre délivra, parmi la famille philosophique, la raison opprimée par l'autorité des textes antiques, auxquels les philosophes d'alors tenaient, non moins que les Russes à leurs vieilles coutumes.

La méthode de Galilée, déjà forte de quelques découvertes sur les corps, avait indiqué les lois dont la nature gouverne l'universalité des choses. La physique prenait un aspect majestueux de science, lorsqu'une secte de philosophes s'éleva en France pour la combattre : ils voulaient aussi que la raison de l'homme fût libre du joug de l'autorité antique ; ils méprisaient les sectaires d'Aristote ; mais ils ne se donnaient point la peine de faire des expériences pour éclaircir les effets naturels, et ils se vantaient d'expliquer chaque chose d'une manière claire et prompte pour tous.

Ils posaient pour principes simples, que les espèces des choses ne diffèrent point substantiellement entre elles, mais seulement par les diverses positions et modifications de la matière, qui est par-tout la même, semblable, pour ainsi dire, à ce bois qui devient un sabot ou un dieu, suivant la volonté de l'artiste. Ils mettaient fin à toute question, en imaginant, au besoin, des mouvemens et des figures dans les corps et dans leurs parties. Leur prompte idée volait vers les causes cachées ; ils expliquaient la formation de tous les êtres, tandis que Galilée établissait en tremblant quelque loi de la nature. Cette secte française domina dans les écoles ; elle eut, comme celle d'Aristote, des élans hardis et chauds ; mais l'expérience anéantissait leurs sublimes raisonnemens. Malheur à celui qui n'ayant pas observé long-tems, veut montrer trop de génie. Que veux-tu qu'on pense d'un mécanicien qui voudrait deviner la construction de l'horloge de Strasbourg, sans connaître ce qu'elle fait indépendamment de marquer les heures ? Que penserons-nous du téméraire philosophe qui voudra expliquer l'interne fabrique de l'univers, avant d'avoir connu par l'étude les diverses opérations, les ressorts, et les mystères de la nature ?

Malgré tout, Descartes, génie supérieur, même dans ses travers, et chef de cette secte de philosophes, composa un système sur l'optique; il raisonna, dogmatisa sur la lumière avant de s'être assuré par des expériences simples et sages, si elle était homogène ou composée, et quels étaient ses penchans et ses affections.

Descartes obtint pendant long-tems, avec ses faux raisonnemens, l'approbation universelle. Le tems en a fait justice. C'est pour éviter un pareil sort, qu'un bon philosophe doit avancer lentement, et laisser à la réflexion le tems d'enfanter la parole; c'est avec les particularités des choses, en observant, en notant tout, qu'on ourdira un jour le grand système de l'univers. Je t'avouerai franchement que nous sommes encore loin du but. Si je voulais me venger de ta curiosité, qui m'a poussé dans un labyrinthe dont je suis loin d'apercevoir l'issue, je te parlerais de la lumière, en te disant, *qu'elle est l'action du pellucide autant qu'elle est pellucide, qu'elle est l'ame qui range le monde sensible avec l'intelligible, etc.*; que les couleurs sont une petite flamme évaporée des corps dont les parties ont des proportions avec l'organe de la vue ; je ... Mais je m'aperçois que je fais comme les tyrans qui mettent au rang du bien le mal qu'ils n'ont pas fait. Rassure-toi, mon ami, je vais, comme le Génie de Wolnay, fortifier ta vue, te faire comprendre l'harmonie de l'univers, te soutenir avec moi dans un vol audacieux, pour parvenir à la vérité. Je t'entretiendrai, dans ma prochaine lettre, du système de Descartes; ces élans d'une ardente imagination, sont frappés au coin du génie et de l'erreur.

Te voilà bien prévenu sur le cartésianisme. C'est un tissu de faussetés. Ne le considère pas autrement si tu veux être newtonien. Adieu, je t'embrasse et te souhaite assez de courage pour devenir philosophe.

LETTRE DEUXIÈME.

Système de Descartes.

Tu croyais trouver des épines, me dis tu, et tu ne vois que des fleurs : attendons encore pour prononcer. Les premiers pas peuvent être agréables, mais nous ignorons ce que seront les derniers. Je m'efforcerai cependant de te démontrer avec clarté, ce que d'autres veulent rendre difficile par des commentations sans fin.

Descartes basa son système sur des tourbillons. Il rejeta toute espèce de vide, et contre l'opinion générale, il voulut que tout fût plein. La matière dont on a formé le monde, dit-il, n'a été dans son principe qu'une masse en tout uniforme. Figure-toi que cette immense matière est divisée en autant de petits cubes ou dez égaux entre eux. Pense qu'une partie tourne sur un point, tandis que celle qui lui est opposée tourne sur l'autre, et que dans le même tems ils tournent sur eux-mêmes, comme une roue qui tourne toujours sur elle. Imagine-toi ainsi que chaque chose est pleine de tourbillons. On appelle tourbillon un amas de matière qui tourne toujours sur un centre commun, comme tu dois l'avoir vu dans l'eau, sur les routes; ces moyens sont bien simples; me les accordes-tu? Eh bien, suis moi dans le palais magique des tourbillons : d'un seul mot, le soleil, la lune, les étoiles, la lumière, les couleurs, tout enfin est créé. Abuse des bontés de l'enchanteur, demande et sois certain d'obtenir. Mais je prévois ta demande, à quoi peut servir le travail de ces dez? Ecoute : il ne pouvait arriver autrement, que ces dez étant contigus ne se heurtassent dans leur rotation. Ce choc dût émousser leurs angles et empêcher qu'ils eussent les mêmes mouvemens. Des débris de ces dez se forma une immense quantité de matière subtile très-ténue, et qui est la machine principale du système cartésien. Je t'ai déjà dit qu'il rejeta le vide; sa matière subtile remplit les intervalles existans entre les dez, car tu conçois bien que malgré leur contiguité, ils ne pourraient être adhérens à cause de leur rotondité.

Semblables au caillou qui, tournant dans la fronde, tend à s'éloigner de son centre, les corps en rotation ont le même penchant. Ainsi ces globes qui se mouvaient en tournant, devenus plus petits par le frottement, prenaient le large en s'éloignant du centre lorsque cette matière, ennemie du vide, parut pour seconder et soutenir la plénitude cartésienne. Cette matière accomplit si bien son emploi, qu'elle n'a rien fait s'il lui reste à faire. Mais pourrais-tu croire que cette fine poudre, nommée *matière du premier élément*, est la substance des étoiles et du soleil? que le soleil n'est qu'un immense globe de matière subtile qui, tournant rapidement sur lui-même, fait tous ses efforts

pour

pour se répandre de tous côtés? que cette pression universelle communiquée à la masse globuleuse ou matière du second élément, est la lumière? Non, tu ne croyais pas atteindre aussitôt le but. Mais, porte les yeux vers ces tourbillons infinis répandus dans le ciel : c'est là que se montre et brille, dans toute sa majesté, le grand ouvrage de Descartes : chacun d'eux est un globe de matière subtile qui voudrait se répandre de toutes parts, et sortir des limites qui lui sont prescrites. Mais les tourbillons qui l'entourent, l'en empêchent en s'efforçant d'y parvenir eux-mêmes. Ainsi les pierres d'une voûte contrastant l'une avec l'autre, se soutiennent mutuellement; de même, tous ces tourbillons s'équilibrent entre eux par leur pression contraire et mutuelle.

Si la vivacité de la lumière des étoiles n'est pas semblable à celle du soleil, n'en accuse que leur éloignement et non leur tourbillon; c'est ce qui fait que le soleil dans le tourbillon duquel nous sommes, et qui n'est éloigné que de trente-quatre millions de lieues à-peu-près, a son apparition.

TURBA, E SCOLORA
le tante stelle ondè l'olimpo adorno.

Une des plus brillantes étoiles, vraisemblablement en raison de son rapprochement, est *Sirus*. Il ne faut point la confondre avec celle qui est scintillante et qui paraît au coucher du soleil. L'erreur serait grossière, car tu confondrais une corps qui n'a que la lumière des autres, et un corps lumineux par lui-même, un soleil, et une planète. Il est vrai que la belle étoile que les astronomes nomment *Vénus*, fut jadis un soleil, comme toutes les autres planètes. Mais l'histoire de l'astronomie n'assigne pas même hypothétiquement, le tems de cette grande révolution qui les fit déchoir de leur rang. Outre la matière subtile qui s'est formée de la globuleuse, Descartes en admet une troisième, qui joue un rôle principal dans son système. Les scories rameuses, irrégulières de cette matière s'unissent en se rencontrant, et forment des grands amas qui, en vertu du mouvement et de la force de la matière subtile, sont rejetés de la partie intérieure des étoiles ou du soleil dans lequel ils se forment; rassemblés en grand nombre d'un côté quelconque, ces amas ou ressorts nouveaux, forcent la pression de la matière subtile sur la globuleuse, et la lumière qui consiste dans une juste pression en est interceptée. Descartes attribuait à la matière irrégulière les taches qui cachent quelquefois une partie du disque du soleil. Ces taches qui l'éclipsent partiellement, auraient pu l'éclipser en entier, si la matière subtile n'avait prévalu, et si par son rapide bouillonnement elle n'avait dispersé, anéanti ces taches à mesure qu'elles se formaient. Elle n'a pas eu assez de force pour dissoudre les amas qui ont éclipsé tous les soleils. Ils furent dégradés comme la terre, qui fut couverte d'une croûte de cet amas; son tourbillon séparé du noyau, languit, et divisé de l'ame qui la vivifiait, son équilibre avec le tourbillon du soleil fut rompu. Ainsi la terre, jadis un des yeux du ciel et immobile à sa place, devenue obscure et opaque, fut enlevée et comme engloutie par la force dominante du tourbillon du soleil; elle fut contrainte de tourner autour de lui, comme une feuille sèche dans un tourbillon d'eau. La terre devient de cette manière le théâtre où devaient vivre et paraître un jour les sages, les fous, les intrigans, et les dupes. Le soleil fit de même la conquête des comètes qui sont dans son tourbillon, et des planètes qui forment sa couronne. Cet avide conquérant tient dans l'histoire céleste, le rang que les Alexandre, les César tiennent dans celle des hommes. D'autres étoiles ont cependant un cortége de planètes conquises. Tu dois sentir maintenant la différence qu'on doit établir entre un corps lumineux et un opaque, entre un soleil et une planète, et enfin, entre *Sirius* et *Vénus*; et tu comprends en même tems le jeu de la machine cartésienne.

Le soleil, qui est plus grand que toutes les planètes réunies, tourne sur lui-même en 25 jours, et l'Océan indéterminé qui l'environne, c'est-à-dire, le grand tourbillon dont il est l'ame et le centre, tournant aussi, conduit avec lui les planètes et les comètes, de la même manière qu'un courant entraîne les vaisseaux qui y passent. La plus petite de toutes, et la plus voisine du soleil, est *Mercure*. Sa révolution est de peu de semaines, parce que la matière du tourbillon, recevant principalement l'impulsion du soleil, tourne plus rapidement près de lui que dans ses parties éloignées. Près de Mercure paraît *Vénus* qui tourne plus doucement : c'est cette belle planète qui, suivant les poëtes, rend le ciel riant de sa douce lumière, et semble parler d'amour à tous les êtres sensibles qui la contemplent. Ensuite vient la *Terre* dont la rotation est notre année. Au dessus est *Mars*, plus loin *Jupiter*, ensuite *Saturne*, et enfin *Herschel*, la plus lente et la plus éloignée du soleil. Je ne te parle point de *Piazzi*, il faut attendre que les observations constatent le rôle qu'elle joue dans l'astronomie (1). Quatre petites planètes, comme notre lune, entourent *Jupiter*; on en compte sept à *Saturne*, six à *Herschel*. Elles furent jadis autant de soleils,

---

(1) Note du C. Lalande. L'orbite de la planète d'*Olbers*, calculée par Cerpal. *Buvekardt*, dont nous avons publié les élémens, s'accorde à quelques secondes près, avec l'observation faite le 26, par les Citoyens *Messier* et *Méchain*, ensorte qu'on peut regarder cette nouvelle planète, comme bien connue. Sa révolution est de 1703 jours, ou 4 ans, 8 mois et trois jours; celle de la planète de *Piazzi*, est de 4 ans 7 mois et 10 jours. Mais leurs distances sont différentes à cause de la différence de leurs excentricités. La planète d'*Olbers* varie depuis 21 jusqu'à 35, et celle de *Piazzi*, depuis 27 jusqu'à 28, la distance du soleil à la terre étant de 10.

Cette note de ce grand Astronome, nous prouve que la science qu'il professe fait tous les jours de nouveaux progrès; ainsi nous sommes encore loin de connaître toutes les planètes.

et sont un signe de la grandeur des planètes qui les ont conquises. Elles ont, suivant Descartes, conservé dans leur décadence une partie de leur tourbillon et les conquêtes faites dans un meilleur tems. Tu peux, pour t'instruire mieux de l'histoire céleste, lire en t'amusant, les *Mondes de Fontenelle* ; mais cette science abstraite et sublime n'est bien développée que par un de nos grands astronomes, le célèbre Lalande, et lorsque tes idées seront plus élevées, tu admireras avec tous les savans, les immortels travaux des *Herschel*, des *Laplace*, des *Delambre*, etc. Voilà une partie de ce système plein d'agréables illusions, qui rend avec tant de facilité raison de tout. Tu le vois : pour faire tourner les planètes, le soleil n'a qu'à tourner ; pour éclairer le monde, il n'a qu'à presser la matière globuleuse qui l'entoure, il dispense ainsi dans tous les tems, le trésor de la clarté sans qu'il fournisse ou perde rien à lui. Nous serions bien à plaindre, et nous devrions vivre dans des appréhensions cruelles, si nous adoptions l'opinion de ceux qui pensent que la lumière est une pluie ardente que le soleil fournit sans interruption : aussi fines, aussi ténues que ces parties soient supposées, ce trésor dispensateur s'épuiserait un jour, et la nature entière ne serait qu'un horrible amas où on ne distinguerait rien. Tel est l'heureux sort du soleil ; il peut éclairer l'immensité sans déperdition de matière : et si c'est le propre de la lumière de parcourir en un moment un espace immense, celle des cartésiens peut le faire sans effort. Les millions et millions de lieues ne sont rien pour elle, parce que tout est plein, parce qu'il n'y a pas le moindre espace de vide. Tu peux te faire une idée de la propagation de la lumière, en examinant une longue perche qui obéit dans toute son étendue au mouvement de rotation qu'on imprime à un de ses bouts. De même, la pression que reçoivent tout d'un coup les rangs de globules qui, sans laisser d'intervalle entre eux, s'étendent du soleil jusqu'à nous, suffit pour nous éclairer; ainsi le soleil n'a qu'à paraître pour que tout soit allumé.

Adieu, souviens toi qu'Ulisse se boucha les oreilles pour ne point entendre le chant harmonieux des syrènes : tremble d'être cartésien, sectateur de Newton; je te maudis, si, magré la beauté des fables que je t'ai rapportées, tu peux y croire un seul instant.

LETTRE TROISIÈME.

Suite du Système de Descartes.

MALGRÉ mes imprécations, tu ne peux t'empêcher d'admirer cette explication de la lumière : elle est en effet aussi simple que sublime. Tu t'attends à en avoir une semblable pour les couleurs, puisque tu crois qu'elles sont un effet de la lumière, et ton espoir ne sera pas trompé. Descartes nous dit : que comme la pression et le mouvement des globules excite en nous le sentiment de la lumière, de même la diversité des mouvemens fait que nous voyons des couleurs différentes. Cette dissemblance des mouvemens est due aux différentes superficies des corps qui reçoivent la lumière et la renvoient à nos yeux. Ils ont le pouvoir de la modifier, de l'altérer, et de paraître ainsi diversement colorés : les couleurs n'étant que les modifications de la lumière, les corps dont les superficies sont rangées de manière à accroître notablement le mouvement des globules de lumière, et à leur en imprimer un de rotation, se montreront *rouges* ; ceux qui les augmentent moins, sont *jaunes* : si les superficies, au lieu d'accroître le mouvement, le diminuent, les corps paraissent *bleus*, *verts* : ceux qui les renvoient sans accroître leur mouvement ni l'affaiblir, sans absorber les globules, paraissent *blancs* et *noirs*, si leurs superficies sont placées de manière à absorber et éteindre les globules : voilà les couleurs. Pour t'éviter une question, je te dirai pourquoi un corps augmente le mouvement de rotation, et pourquoi tel autre le diminue. Cela provient des diverses qualités et dispositions qui se trouvent dans les parties qui composent les superficies de ces mêmes corps ; de leur inclinaison, position et figure, qui, en raison de leur variété, doivent différemment modifier la lumière qui les frappe. Suivant Descartes, toutes les couleurs sont illusoires. Ce rouge qui colore une joue modeste, lorsqu'un amant hardi ose tout entreprendre, n'est qu'une rotation de globules, comme les couleurs prismatiques. Tu sais qu'un prisme est un cristal à trois pans, qui décompose la lumière et nous fait voir les choses tapissées de mille couleurs. Descartes dit que c'est une rotation, une modification des globules. Les couleurs, suivant ce philosophe, ne sont qu'un phénomène de la lumière, ôtez-la, les couleurs ne sont plus. Les corps sont formés de la matière du deuxième élément ; ils diffèrent entre eux par leur configuration. Ce n'est qu'en vertu de la modification des globules, opérée par la superficie des corps, par la célérité ou le retard du mouvement de rotation des globules de la lumière, que nous habillons les objets des couleurs qui les distinguent.

Les choses ne sont pas seulement privées de couleur, mais encore de saveur, etc. : l'odorat, le son, le froid, le chaud, n'existent pas plus dans les corps que la lumière. Quelques philosophes ont dit même que les corps ne sont que des ombres, et des songes des personnes éveillées. Ils rêvent plutôt que nous ; que dis-je? ils délirent. Quoi! je rêverai lorsque mes yeux contemplent ce jeune héros qui vient de donner la paix au monde, que je le vois sourire au peuple qu'il a sauvé, que la voix de l'admiration le suit? je rêverai lorsque je souffre, lorsque je suis heureux? Ah! loin de nous cette idée qui donne tout à l'illusion, et qui anéantit la réalité. Je crois cependant que les choses différent de l'opinion que j'en ai : il ne reste dans les corps que les qualités de la matière dont ils sont composés ; les autres ne sont qu'apparentes et filles de notre imagination. Descartes restreint les qualités de la matière à *l'extension* ou étendue qui constitue la longueur, largeur et profondeur des corps ; à l'impénétrabilité qui fait qu'un corps ne peut être au lieu d'un autre ; à la mobilité qui constitue, dispose telle ou telle figure, et qu'on nomme aussi *figurabilité*. Les couleurs, la lumière, etc. sont une texture figurée des parties existantes dans notre esprit. Je t'ai dit cependant que la rotation des globules de lumière crée les couleurs dans les corps, mais c'est plutôt la cause qui en éveille le sentiment. La propriété qu'ont les corps de presser les globules du second élément, est la cause du sentiment de la lumière. De même, celle qu'ils ont de secouer et *d'ondoyer* l'air dans le tympan de l'oreille, est la cause du son. De même certaines figures, ou certains animaux qui sont dans les corps, irritent en divers sens les nerfs de notre langue, et sont la cause des saveurs. Ce raisonnement s'applique à tous les sens. Nous appelons donc improprement qualités de la matière, ce qui dans la réalité n'est que la prescription de notre esprit. Si tu te trouves jamais dans l'obscurité, presse avec un doigt le globe de ton œil, et tu verras les couleurs de l'iris...... D'où vient cela, puisqu'il n'y a point de lumière au dehors? si ce n'est que la pression du doigt opère grossièrement sur l'œil ce que les globules de lumière y opèrent si délicatement. Mais d'où vient, me diras-tu, que tel mouvement de rotation fait voir le *bleu* et le *rouge?* quelle correspondance peut-il y avoir entre les corps de quelle manière qu'ils soient disposés, avec les sentimens de l'ame que je crois différens de tel mouvement que ce soit? Il faut penser, à ce sujet, qu'il existe entre les mouvemens de la matière et les idées de l'ame, cette correspondance qui était dans l'Elysée entre Enée et l'ombre de son père Anchyse. Ils se parlent, se répondent; mais toutes les fois qu'Enée tenta d'embrasser Anchyse, autant de fois ses mains retournèrent vides sur son sein. Mais ce sont-là des mystères philosophiques; la demande attendra long-tems envain la réponse. Qui pourra dire comment l'esprit est lié avec la matière? comment les objets corporels occasionnent des idées dans l'ame, et celle-ci certains mouvemens dans le corps? comme sans extension elle est dans chaque partie de nous? comment invisible, elle voit; impalpable, elle touche? On ne doit pas croire cependant que tous les philosophes restassent muets à ces questions. Ils mettraient en avant les esprits animaux qui circulent dans les cavités des filamens nerveux, et portent les sensations des objets corporels au cerveau, qui les transmet à l'ame, etc.; ils parleraient des causes *occasionnelles*, de l'harmonie préétablie; ils nous embarqueraient sur des mers philosophiques dont nous ne verrions point les bords. On a comparé ces grands raisonneurs aux danseurs de théâtre, qui, après les pas les plus étudiés, les plus jolies cabrioles, se trouvent à la fin du ballet, là où ils étaient en commençant. Mais quoi qu'il en soit, il est indubitable que plusieurs espèces de choses en produisent de bien différentes en nous. Ainsi je ne m'étonne point si certains mouvemens des globules de lumière, en excitant d'autres dans la rétine, qui est une pellicule au fond de l'œil, et celle-ci la communiquant au cerveau, créent en nous l'idée des couleurs. Ce serait le moment de te parler de l'œil, et de la manière dont il reçoit les images, si je ne m'apercevais que ma lettre est déjà assez longue. Ton intérêt te défend de réduire tout à l'apparence, le vulgaire t'en punirait. J'espère que ce principe cartésien n'atteindra pas notre amitié. Adieu.

LETTRE QUATRIÈME.

Principes généraux de l'optique. Manière dont on voit. Structure de l'œil.

Je dois me hâter de reprendre le fil de nos idées, afin de pouvoir marcher à grands pas vers les vérités que je veux te dévoiler.

La lumière est soumise à deux accidens principaux, la réflexion et la réfraction. Lorsque la lumière donne sur les parties solides des corps, elle est renvoyée, comme la terre renvoie un ballon bien élastique. C'est ce que nous nommons réflexion ; par elle nous voyons toutes les choses dites opaques, c'est-à-dire qui n'ont point de lumière par elles-mêmes. La flamme d'une bougie, par exemple, envoie des rayons à elle: c'est, suivant Descartes, un petit tourbillon de matière subtile, un petit soleil qui presse la matière globuleuse qui l'entoure, et allume tout, tandis que les corps opaques, comme les planètes, la terre, les arbres, les colonnes, ne sont visibles qu'en vertu des particules ou globules de lumière qu'ils réfléchissent. Les rayons lumineux qui donnent sur une surface plane, unie, polie, sont renvoyés régulièrement comme un ballon qui tombe sur un terrein uni, remonte avec régularité, en suivant l'inclinaison de sa chute. Tous les rayons qui de la figure vont au miroir, retournent à tes yeux sans être confus ni désordonnés, mais avec la même inclinaison et situation avec lesquelles ils y furent. C'est ainsi que les images se répètent dans un miroir. Le contraire arrive lorsque les rayons de lumière tombent sur une muraille ou autre corps inégal, raboteux, qui les réfléchit confusément, et d'une manière qui ne conserve aucune image. Lorsque les rayons de lumière passent de l'air dans l'eau, ils embouchent ses ports, et passent outre, mais en passant ils changent de direction, ils se plient, se rompent, suivant le langage des opticiens, le brisement qui les guide vers un autre chemin, se nomme *réfraction.* Les corps transparens ou diaphanes qui donnent passage à la lumière, comme l'eau, le cristal, le diamant, se nomment *milieux*, et pour cela on dit que la réfraction a lieu par le passage de la lumière d'un milieu dans un autre, et elle est plus grande, suivant que les milieux sont plus denses. Newton dont je ne devais point te parler encore, devina que les corps combustibles transparens étaient plus propres à réfranger la lumière que les autres. Ainsi, un prisme rempli de gaz hydrogène ou de toute autre gaz plus ou moins combustible, devrait être, en raison de sa combustibilité, plus propre qu'un autre à réfranger ou briser les rayons lumineux. Mais, pour en revenir à la densité, tu comprendras facilement que les rayons se brisent mieux en passant de l'air dans le cristal, que s'ils passaient de l'air dans l'eau, parce que le cristal est plus dense que l'eau.

Lorsque le Tasse a dit : *Come per acqua ò per cristallo intcto trapassa il raggio. . . . .* il était peu d'accord avec la science de l'optique. Le licencieux Ovide fit parcourir les douze signes du zodiaque au soleil en un jour, tandis que l'astronomie ne lui accorde que la trentième partie d'un signe pour son cours journalier. De même le Tasse pouvait dire que la pensée des héros chrétiens pénétrait sous les habits d'Armide, et se servir d'une figure à l'appui. Sans être d'accord avec l'optique, les poëtes parlent au vulgaire : émouvoir le cœur, enflammer l'imagination, voilà leur but; mais pour justifier Torquato, nous pourrions dire qu'il a voulu parler des rayons qui n'investissent pas la superficie des milieux obliquement, mais directement, comme il arriverait si un rayon tombait perpendiculairement, ce rayon passerait outre sans se plier d'aucun côté, tandis que tous les rayons qui tombent obliquement, se rompent et prennent alors un autre chemin. Les rayons se rompent diversement, suivant qu'ils passent d'un milieu clair à un dense: par exemple, ils se plient en passant de l'air dans l'eau, en se dirigeant vers la perpendiculaire, lorsqu'ils touchent ce dernier fluide, beaucoup plus qu'avant de le toucher. Si un rayon sortant d'une fenêtre, frappait au milieu d'un réservoir vide d'eau, qu'on le remplît ensuite, ce rayon ne pourrait plus donner au premier but, mais en s'enfonçant dans l'eau, il se briserait tellement, qu'il viendrait du milieu frapper le lieu du réservoir qui nous avoisinerait le plus; si cette eau devenait cristal, il se romprait davantage, et plus encore si, par l'œuvre d'une alcine, elle devenait diamant. Ces exemples m'empêchent de me servir de lignes et de figures, et à quoi bon des lignes pour entendre qu'un rayon passant d'un milieu clair à un dense, s'approche de la perpendiculaire, et qu'il s'en approche davantage en raison de la plus-densité du milieu où il pénètre ? de manière cependant que la perpendiculaire s'entende toujours dirigée sur la superficie du milieu que les rayons pénètrent, de quelle manière que soit placée cette superficie, comme une chandelle dans son chandelier y est toujours perpendiculairement de quelle manière que le chandelier soit tenu. Ainsi l'effet est opposé lorsque les rayons passent du milieu dense à un moindre. Les anciens n'avaient qu'une connaissance imparfaite de cette déviation ou réfraction des milieux. Les modernes donnent la raison de mille petits jeux ; en vertu de cette réfraction nous recevons les rayons comme s'ils venaient d'un autre lieu que de l'endroit où sont réellement les objets, et l'œil qui ne sait rien de tout cela, les reporte au lieu d'où il lui paraît que les rayons viennent. Tu peux faire un de ces jeux, déjà indiqué par divers auteurs. Prends un vase de faïence, pose une pièce d'or au fond de ce vase, éloigne-t-en jusqu'à ce que les bords du plat t'empêchent de la voir ; dans le même temps une autre personne remplira le plat d'eau jusqu'à son sommet; et sans changer de place, tu verras la pièce que tu ne voyais pas avant. En voici l'explication : cette pièce envoie des rayons sur chaque côté du plat vide ou plein; mais ces rayons qui, lorsque le plat était vide, devaient venir à ton œil, étaient interceptés par les bords du plat, et ceux qui ne l'étaient point, allaient trop haut pour qu'ils fussent visibles. Il n'en arrive pas ainsi lorsque le plat se remplit d'eau. Ces rayons qui allaient trop haut, se plieront vers toi, s'éloigneront de la perpendiculaire en sortant de l'eau, ils frapperont ton œil, et tu verras la pièce de monnaie, mais hors du lieu où elle est réellement. Le prisme te fera de semblables badinages; il varie les couleurs et fait voir les objets hors du lieu où ils sont. Les rayons lumineux entrant par une des faces du prisme que tu leur présenteras, se réfrangeront dans le prisme, et, sortant ensuite de cette face pour passer dans l'autre qui sera près de ton œil, ils se réfrangeront encore de manière que tu les recevras après deux réfractions, comme venant de plus bas ou plus haut que de l'endroit d'où ils viendront précisement.

On devrait considérer les passions humaines comme autant de prismes qui nous montrent les choses hors de leur place, et qui sont placées entre le vrai et l'œil de notre esprit. Heureux cependant si nous savions manier ces primes comme ceux de l'optique, et si nous pouvions en assigner et prévoir les effets!

De

De quelle manière qu'un prisme soit posé, on peut facilement savoir quel aspect auront les objets regardés au travers de lui, parce que les réfractions s'exécutent avec des proportions, des lois si régulières, qu'en connaissant l'inclinaison du rayon dirigé à la superficie de l'eau, du verre, ou de quelqu'autre milieu, on saura quelle doit être l'inclinaison correspondante au rayon réfrangé. L'honneur de cette science est attribué à Descartes. On l'observe principalement dans les changemens que la lumière éprouve au travers d'une lentille. Figure-toi deux rayons de lumière marchant parallèlement et maintenant toujours entre eux la même distance. Si ces rayons tombent sur une lentille (ou loupe), ils s'unissent par la réfraction qu'ils éprouvent en entrant et en sortant. Le lieu de réunion des rayons du soleil et où ils enflamment les corps, la poudre à canon, se nomme foyer d'une lentille. Croirais-tu qu'un morceau de glace taillé *lenticulairement*, a la propriété de réunir les rayons solaires et de brûler les corps? Brûler avec de la glace, quelle idée bizarre entre les mains des poëtes!

Les rayons qui tombent parallèlement sur une lentille, se réunissent dans son foyer, et ceux qui ne sont point parallèles, se réunissent au dehors sur un autre point, mais loin du foyer; et d'autant plus loin que le point d'où ils procèdent est près. Ainsi, si les rayons proviennent d'un point qui avoisine la lentille, leur réunion aura lieu loin du foyer: et le contraire arrivera s'ils viennent de loin. Ce raisonnement, ces répétitions t'ennuient sans doute, je vais m'efforcer de te dédommager en te parlant de la chambre optique ou obscure. J'espère te voir bientôt, tu viendras contempler ces champs illustrés par la valeur française, ce pont où l'intrépide héroïsme affronta la mort, et fut payé de la victoire. Oui, Lody doit être cher à tous les Français qui aiment le vrai courage. Nous profiterons d'un jour pur, alors nous entrerons dans une chambre préparée exprès, et qui ne reçoit le jour que par un trou d'un centimètre de long et de large. Devant ce trou est une lentille qui recevra de chaque point des objets extérieurs qui sont dans sa direction, les rayons qu'ils réfléchiront. Elle les réunira en autant de points dans la chambre, sur un carton blanc placé à cet effet, et avec la figure des objets qui les réfléchissent. Tout est proportionné dans cette peinture naturelle: elle a une telle force de précision, qu'un paysage de *Marchetto ricci*, ou une vue de Canaletto perdrait à la comparaison. La gradation en est merveilleuse, le dessin exact, et le coloris harmonieux. Tout y est animé, tout s'y meut. Tu verras le pont appuyé sur cette antique tour en brique qui est entourée des mêmes bastions qui naguères vomirent la mort; les maisons de campagne dans ce lointain: les peupliers, les saules dont les cimes tremblantes se balancent à l'impulsion des vents. Tu verras marcher les personnes qui vont et viennent d'une rive à l'autre. Tu verras l'Adda supportant quelques barques légères dont les rames frappent son onde; et pour comble d'enchantement sur ses flots brisés par la rame, tu verras badiner et briller la lumière....... Je te vois d'ici enthousiasmé de ce récit : ordonne les apprêts de ton départ, tu veux voir si je t'en impose.... Viens, il m'est bien doux de hâter ton voyage par le desir de connaître tout l'art de l'homme qui sait observer la nature. Mais ton étonnement augmentera, lorsqu'après t'avoir laissé admirer notre peinture, qui n'a d'autre défaut que d'être renversée, je te dirai, la chambre obscure où nous sommes (1) « est la cavité

---

(1) L'œil chez tous les animaux, excepté quelques vers, doit être considéré sous divers aspects. 1°. par *sa situation ;* il est ordinairement placé dans une boîte osseuse qu'on nomme *orbite*, et sous le cerveau avec lequel il a des connexions très-multipliées ; dans d'autres animaux les yeux semblent immobiles sur les tentacules où ils sont placés.

2°. Sa forme; il est ordinairement semblable à une coque baie sphéroidale, il est saillant, mobile, légérement déprimé sur quatre côtés dans l'homme ; il est déprimé au-dessous de l'axe visuel dans les quadrupèdes, ce qui est conforme à l'attitude de la tête; dans la plupart des oiseaux il est souvent déprimé sur deux côtés dans le sens de l'axe visuel ; dans les insectes il présente ou diverses facettes, ou une surface lisse qui constituent un grand nombre d'yeux séparés ou réunis; chez les reptiles, sa forme est variable, et il offre chez les poissons une plus grande dépression que dans les autres espèces d'animaux.

» ou chambre interne de l'œil. Le trou de la
» chambre est la pupille qui est dans sa partie
» inférieure : le cristallin est la lentille qui ras-

L'œil dans tous les animaux (excepté les insectes) peut prendre, à l'aide des muscles qui en dépendent, toutes sortes de directions; on les divise en *droits* qui tirent leurs noms de leur position et de leur action; on les nomme :

Le releveur ou supérieur,
L'abaisseur ou inférieur,
L'abducteur ou temporal,
L'adducteur ou le nazal;

et en *obliques* qui fixent l'œil dans ses mouvemens, et qui contrebalancent l'action des muscles droits :

On les nomme grand oblique, petit oblique.

L'œil est essentiellement composé de membranes et de milieux transparens. Les membranes sont, 1°. la *Cornée*, qui se divise en *Cornée transparente*, composée de plusieurs lames posées les unes sur les autres; en *Cornée opaque* ou *sclérotique*, qu'on ne divise pas en lames comme la précédente, et que la macération réduit en un tissu spongieux.

2°. *L'uvée*, qu'un grand nombre de vaisseaux sanguins parcourent, et qui est tapissée d'un duvet noir à sa partie intérieure. Elle porte en devant *l'iris* qui varie par la couleur, et où se trouve la *pupille*, qui est un trou circulaire, susceptible de se dilater et de se contracter au besoin pour introduire ou repousser les rayons lumineux : sa forme n'est pas la même chez tous les animaux.

3°. La rétine qui occupe, sous forme de réseau, tout l'intérieur de l'œil : elle est formée par l'épanouissement de la partie pulpeuse ou médullaire du nerf optique, ou oculaire. Elle est transparente, et propre à recevoir les images des objets, et à transmettre l'impression au nerf oculaire qui la communique à l'ame. Les membranes qui ont diverses fonctions, servent toutes d'enveloppe au globe de l'œil.

» semble les rayons, et le carton qui les reçoit
» est la rétine qui tapisse le fond de l'œil, et qui
» est tissue des filamens du nerf optique par lequel
» l'œil communique au cerveau. Les choses se
» peignent ainsi dans tes yeux : tel est le méca-
» nisme de la vision.

Porta donna les premières idées sur la chambre obscure, dans son traité de la *Magie naturelle* : le célèbre Képler s'en saisit et établit le premier cette similitude de l'œil à la chambre optique. Lorsqu'on n'est pas certain que les philosophes observateurs ne se sont pas trompés, on est tenté de mettre en doute ce qu'ils ont avancé: un jour j'ai maudit *Képler*, j'ai dit mille fois qu'il en

---

Les milieux transparens sont au nombre de 3 : 1°. Le *fluide aqueux*, un peu muqueux, placé entre la cornée transparente, et le cristallin. 2°. *Le cristallin*, composé de couches concentriques. Sa forme est lenticulaire, et sa plus grande convexité est tournée vers la rétine. Les poissons l'ont sphérique. Sa consistance est ferme, sa nature albumineuse; il peut s'épaissir ou se concréter; ce qui détermine l'opacité qui cause la cécité.

3°. *Le vitré*, semblable au milieu aqueux, contenu dans une membrane fine et transparente, situé entre le cristallin et la rétine. Ces trois milieux diffèrent par leur force réfringente. Celle du premier est telle, qu'en passant de l'air dans ce milieu, le sinus d'incidence est au sinus de réfraction, à-peu-près de 4 : 3. Celle du cristallin est telle qu'en sortant du milieu aqueux, et passant dans le cristallin, le sinus d'incidence est au sinus de réfraction, de 13 : 12. Celle du vitré, à-peu-près égale à celle du milieu aqueux; de sorte qu'en passant du cristallin dans ce 3e milieu, le sinus d'incidence est au sinus de réfraction, : : 12 : 13.

imposait, parce qu'en présentant un apier au trou de ma chambre obscure, j'obtenais sans lentille l'image des objets, comme lorsqu'elle y était. A quoi bon le cristallin, répétai-je cent fois? Mais la raison me répondit, pourquoi cette question avant d'avoir cherché la cause en observant les effets? Je la trouvai bientôt en sortant. Je devais l'image tracée sur le carton, à une toile d'araignée où une large goutte d'eau de forme lenticulaire s'était arrêtée. Je te cite ce fait, afin de te faire sentir qu'on ne doit point accuser un savant de s'être trompé, parce que nous n'obtenons pas de suite les résultats qu'il annonce. On croyait jadis qu'il transpirait de la superficie des corps des particules très-déliées, qu'on nommait simulacre, et ressemblaient absolument aux corps d'où elles venaient; qu'elles volaient dans l'air, et entraient dans l'œil je ne sais comment. Tel était le brouillard qui couvrait les yeux des aveugles philosophes qui voulaient expliquer comment on voyait. La similitude de l'œil avec la chambre obscure a dissipé ces ténèbres.

Les objets envoient des rayons de chaque point, qui passent par la pupille, sont rassemblés par le cristallin qui forme l'image d'où ils viennent, et la porte à la rétine, et afin que les rayons qui forment les images des objets, se réunissent derrière le cristallin à diverses distances, suivant celles d'où ils viennent, il est nécessaire que la rétine s'approche du cristallin, ou qu'elle s'en éloigne, pour que l'image de chaque objet puisse paraître nette et distincte dans l'œil : ainsi, dans la chambre obscure, lorsque le papier n'est pas bien posé pour recevoir les rayons, l'image est enfumée et confuse. Un certain nombre de muscles qui entourent le globe de l'œil remplissent ces conditions : chacun d'eux a son emploi particulier : celui-ci doit élever l'œil, celui-là le baisse, un autre le conduit de droite à gauche, un autre de gauche à droite, etc.; il en est un surtout, qui appartient au souverain de tous les êtres animés, à l'amour; il meut obliquement l'œil, et lui donne ce muet langage, qui est toujours plus éloquent et plus cher que le discours le mieux exprimé. Tous ces muscles ensemble concourent ensuite à porter la rétine loin ou près du cristallin, suivant que nous fixons des choses voisines ou éloignées. Tous ne peuvent point conformer l'œil suivant la distance des objets, c'est un défaut naturel qui a plusieurs variétés. On nomme *Myopes* ceux qui ne peuvent voir les objets éloignés ; et *presbytes* ceux qui ne peuvent distinguer ceux qui sont près. L'art a remédié en partie à ces inconvéniens; les lunettes inventées dans le treizième siècle (1), ser-

---

(1) Les myopes font usage d'un verre concave qui, augmentant la divergence des rayons réfléchis, leur fait ainsi voir distinctement les objets éloignés.

Les presbytes au contraire, qui ne peuvent voir les objets voisins, se servent pour remédier à cet inconvénient, d'un verre convexe qui diminue la divergence des rayons que les corps réfléchissent.

vent aux *presbytes*, aux vieillards, aux *miopes*, suivant la forme donnée à la lentille qui les compose.

Lorsque l'âge pèse sur nous, le cristallin s'épaissit, et la rétine se rapproche du cristallin. Les rayons des objets arrivent alors à la rétine sans être réunis, et y impriment une image sale et confuse. C'est pour cela que les *presbytes*, forcés de lire sans lunettes, tiennent le papier à une certaine distance. Alors l'image qui tombe sur le cristallin est nette et distincte. Il en est de même lorsque la lettre est lue à la distance ordinaire, si la lentille des lunettes aide la réfraction du cristallin. (1)

Adieu, mon ami, je finis ma lettre en cessant de te parler des malheurs de la vue et des lunettes dont tu n'as pas besoin parce que tu as

Chiar'alma pronta vista, occhio cerviero.

---

(1) Une épitaphe trouvée dans la cathédrale de Florence et conçue ainsi qu'il suit : *qui giace Salvino d'armato degli armati di firenze inventor degli occhiali, etc.* M. CCC. XVII, annonce le temps de l'invention et le nom de l'inventeur. Masseri, savant Italien qui la rapporte, dit qu'un religieux italien, nommé Alexander Spina, s'en occupa dans le même temps, et y réussit sans avoir communiqué avec Salvino.

LETTRE

LETTRE CINQUIÈME.

Des microscopes et télescopes. Confutations des hypothèses de Descartes et de Mallebranche sur la nature de la lumière et des couleurs.

GUIDÉS par Newton, par Algarotti, nous marchons à grands pas vers la science. Heureux de l'entendement de l'élève, le maître ne répète pas deux fois! Plus heureux de t'instruire en t'amusant, je ne me repens plus d'avoir cédé à tes instances.

Occupons-nous maintenant des lunettes philosophiques, c'est-à-dire des télescopes et des microscopes. L'extrême petitesse, ou l'extrême éloignement de certains corps les dérobant à notre vue, le microscope sert à nous faire apercevoir parfaitement ce qui est invisible à l'œil nu, quoique très-près de nous, et le télescope franchit l'obstacle des distances, pour nous faire voir des corps vus confusément et même inaperçus. Le nom de Galilée est immortalisé par ces nobles inventions : le hasard fit pour les sciences, sans le vouloir, ce que le génie des savans n'avait pu deviner pendant un long espace de siècles. Galilée fit servir cette découverte du hasard, en doubla les effets, afin d'augmenter les armes des physiciens pour observer la nature. Avec l'aide du télescope, l'homme s'est approché du ciel, il s'est mêlé, si l'on ose le dire, avec des choses qui sont à des distances épouvantables. Combien a-t-on découvert d'étoiles qui échappaient à l'œil nu? On a su que la voie lactée qui blanchit le ciel de l'un à l'autre pôle, est une multitude infinie, une armée innombrable d'étoiles. Sans doute tu as entendu parler des montagnes et des vallons qui sont dans la lune; c'est le télescope qui nous a fait voir dans les taches de cette planète, des hauteurs qui surpassent les Alpes. Nous avons connu par son secours, la révolution qu'accomplissent sur eux-mêmes *Jupiter*, *Mars*, *Saturne*. *Herschel* et le *Soleil*; nous savons *qu'Herschel* a une couronne de six satellites ou lunes; *Saturne* sept avec un anneau lumineux double sur un même plan; *Jupiter* quatre : il nous a servi à connaître précisément la grandeur des planètes, et la distance de tant de millions de lieues qui les séparent de nous. On leur doit enfin la connaissance parfaite du vrai système du monde. Un ancien poëte disait que Jupiter ne pouvait regarder la terre, sans voir un trophée des armes romaines; les philosophes pourraient dire, de même, qu'il n'est rien au ciel qui ne soit la conquête du télescope.

Le microscope a reculé les bornes de l'esprit humain. Si le télescope, en servant la vue des astronomes, nous a fait connaître des mondes très-éloignés, le microscope nous a procuré la connaissance de nous-mêmes, en découvrant à l'œil des anatomistes, des secrets jusqu'alors inconnus. Si le premier nous a fait voir dans ces astres suspendus dans l'espace, des corps semblables au globe que nous habitons ; si l'observation qu'on a constamment suivie avec lui nous fournit des argumens pour ne point croire ces pays inutiles et morts, mais habités comme les nôtres ; le second nous a fait voir dans des choses inhabitables, ou crues telles par les anciens, des nations innombrables d'êtres vivans. On a vu dans le vinaigre, et dans d'autres liqueurs, des animalcules si petits qu'un grain de millet en contiendrait plusieurs milliers. Sans le télescope l'espèce humaine ne s'enorgueillirait point des *Newtons ;* sans le microscope elle ne s'honorerait point des *Linné*, des *Buffon*, des *Spallanzani*, qui furent aussi simples que la nature, et qui l'égalèrent en la comprenant.

Les effets du microscope sur l'infiniment petit, sont ils moins admirables que ceux du télescope sur l'infiniment grand ? Que le génie de l'homme est vaste! Oh! si jamais la pensée veut trouver quelque être qui ressemble au Dieu que nous ne connaissons que par ses œuvres, c'est l'homme qu'elle doit choisir; c'est l'homme qui, sachant tout asservir à ses jouissances, s'élève malgré sa faiblesse au-dessus de la sphère qui semblait lui être assignée, et sans doute ces admirables instrumens tiennent un rang distingué parmi ses premiers ouvrages. C'est par eux qu'il a renversé les obstacles que la nature avait mis à sa curiosité ; la destruction, la mort qui atterre ces élans de vanité les réveille en moi, puisque par le génie de l'homme j'ai appris que cette idée, effrayante pour le vulgaire, consolait le philosophe, qui n'y voit qu'une modification de la matière, ordonnée par une intelligence dont il n'ose penétrer l'essence.

Après avoir exalté l'èloge du télescope et du microscope, il est douloureux pour moi, de t'apprendre les maux que cette découverte causa à l'immortel Galilée. Ses bienfaits furent autant de crimes. Cet homme qui méritait des autels, fut sur le point d'envisager l'échafaud; des chaînes meurtrirent ses mains qui traçaient les lois de la pesanteur; un cachot hideux renferma celui dont la pensée osait embrasser l'immensité.....O comble d'un inique aveuglement! voilà donc la récompense de ceux qui osent combattre les erreurs enracinées dans l'esprit humain avec le glaive de la raison, et qui, la vérité à la main, osent atterrer les idoles de la prévention! Galilée combattit tout ce que les maîtres d'alors enseignaient sur la structure des corps et sur la science du ciel. Il attaqua ces phrases d'Aristote, considérées comme sacrées; et alors les barbares ministres d'une religion sainte et douce osèrent unir Dieu à la cause d'Aristote; et l'Inquisition ferma ses noirs verroux sur le plus grand des philosophes. On raconte une anecdote à ce sujet, que tu ne connais peut-être pas. Il y avait déjà quelque tems que Galilée était emprisonné; un jour son domestique lui dit : On m'assure que votre liberté est entre vos mains;... pourquoi la refuser ? Eh! de quelle manière, dit le grand homme ? — Dites que le soleil tourne autour de la terre, puisqu'ils le veulent ainsi. — Galilée sourit, et attendit jusqu'au soir pour répondre à son domestique. La nuit vint; le domestique mit la broche; alors Galilée s'approcha, et lui dit : Si je soutenais que ce feu et cette cheminée tournent autour de ce chapon, et que la broche est immobile,.... que penserais-tu ? — Pardon, je n'ose pas le dire. — Je te le permets. — Que vous êtes... fou! — J'aime ta franchise. Voilà cependant à-peu-près ce que tu me proposais ce matin pour sortir de ce séjour; c'est la comparaison triviale de la plus sublime vérité. Si c'est ainsi, dit le domestique, restons à l'Inquisition. Quoi qu'il en soit, le philosophe toscan ne recouvra sa liberté, qu'après avoir fait amende honorable et renoncé solemnellement à ses opinions en vertu d'une décision de plusieurs cardinaux dont les noms abhorrés n'entacheront point ma lettre. Cet amour pour les anciens, la préférence qu'on leur donne sur les modernes, appartiennent à tous les tems, excepté à celui où nous vivons. L'expérience est devenue la pierre de touche de tous les systèmes posés; c'est elle qui a renversé celui de Descartes. On le combattit à sa naissance, en objectant que la lumière des étoiles ne pourrait jamais venir jusqu'à nous, parce que la pression d'un tourbillon repousse et égale la pression des autres avec lesquels il est en équilibre ; de manière qu'en côtoyant les confins de chaque tourbillon, la lumière serait éteinte par une lumière contraire. On démontra aussi combien les planètes éprouveraient de difficulté à se mouvoir dans les tourbillons cartésiens ; les comètes, sur-tout, qui se meuvent dans un sens inverse, ne pourraient suivre les lois de l'harmonie universelle.

On a voulu défendre Descartes, en imaginant des tourbillons contraires dans les tourbillons eux-mêmes, afin de pouvoir rendre raison du mouvement des comètes : idée assez ingénieuse, si les astres errans dansaient en rond au lieu d'obéir à des lois invariables !

Une objection facile donne *l'ultimatum* de cette dispute, et renverse toutes les idées cartésiennes. Tu vas en juger. Ces superbes fresques qui ornent ton appartement, vont fournir la confutation du système que je t'ai rapporté. Réunis-toi à un ami, pour observer par un trou fait à un couteau planté dans une des tables qui sont aux angles de la chambre, cette peinture si belle, qui parle des siècles passés. Fixe par le trou du couteau, (comme si tu ajustais un oiseau que tu veux tuer) le manteau rouge de ce héros romain, de cet infortuné rival de l'heureux César : que ton ami regarde dans le même instant, et de la même manière, l'azur de cette mer que Pompée passa pour son malheur ; il est certain que deux rayons passeront au point où vous regarderez; un viendra du manteau rouge, et l'autre de la mer. Ces deux rayons sont deux files de globules; une s'étend du manteau à ton œil, et l'autre, de la mer à celui de ton ami. Ilest indubitable que ces rayons se croisent au point de mire fixé, ce qui doit constituer un globule qui appartient aux deux rayons. Il faut une pression de ces deux rayons, pour exciter en vous les idées de rouge et de bleu. Le globule mitoyen, placé au point de mire, devra-t-il en même tems presser sur ton œil et sur celui de ton ami? Un tel effet ne peut avoir lieu, parce qu'un globule ne peut remplir deux conditions à la fois. Il faudrait aussi que ce globule solide eût deux mouvemens de rotation différens, afin de donner la sensation de rouge et celle de bleu. Qui pourrait soutenir de telles absurdités? Quelle différence y a-t-il des opinions de Descartes à celles d'Aristote, puisque toutes contrarient également le bon sens? Mallebranche qui fut un des plus fermes soutiens de cette secte, sentit toute la justesse de ces objections, et s'efforça d'y remédier. Il fit en petit, dans le système de la lumière, ce que Descartes fit en grand dans celui de l'Univers. Il crut pouvoir mieux expliquer les effets de la lumière, en substituant aux globules solides de Descartes, des tourbillons de matière éthérée et subtile, dont il remplit l'immensité. Le corps lumineux, dit-il, se restreint et se dilate à chaque instant comme le cœur de l'homme, ce qui cause des ondulations dans la mer des tourbillons qui l'entourent de toutes parts; or ces ondulations sont la lumière, leur célérité constitue les couleurs. On déduisait de cette théorie, que la lumière avait une grande ressemblance avec le son. Les ondulations qu'une corde frappée communique à l'air, parvenant à l'organe de l'ouie, éveillent en nous le sentiment du son. De même celles qu'une torche allumée communique à la matière éthérée qui frappe l'œil, nous donnent l'idée de lumière; et comme l'intension du son est en raison des ondulations de l'air, celle de la lumière doit être aussi dans la force des ondulations de l'éther. La manière de mouvoir l'air de différentes façons crée la variété des sons, comme grave, aigu, etc. La diversité du mouvement de l'éther doit former les diverses couleurs qui, d'après cette opinion, peuvent être considérées comme les tons, les notes de la lumière. Jamais similitude ne fut poussée aussi loin que par ce philosophe. On ne doute point que les ondulations se coupent, se croisent sans se nuire: la preuve en est tous les jours devant nous, lorsque dans un concert le violon ne se confond point avec la flûte, ni celle-ci avec la basse.

Au premier coup-d'œil cette comparaison n'a rien de répugnant: il semble très-naturel de penser que les ondulations de l'éther doivent donner l'idée des couleurs, par leur pression sur l'organe de la vue, qu'elles peuvent se croiser sans se confondre et sans se nuire. Un tourbillon commun, ayant deux files *ondulantes*, peut *onduler* d'un côté et d'autre, en se divisant par la *cédibilité* de ses parties. Tu vois que grace à la fluidité des tourbillons de Mallebranche, on ne pourra plus faire les objections avancées contre les globules solides de Descartes.

Tu crois peut-être que les tourbillons de Mallebranche ont effacé les difficultés ; détrompe-toi. Cette correction du cartésianisme est sapée par ce qui lui donne un air de vraisemblance, par la comparaison de la lumière avec le son. Chaque mouvement d'ondulation qui, dès son commencement, se dilate à l'entour par des cercles toujours plus grands, ne s'arrête point s'il trouve quelque obstacle. Au contraire, il se divise sur les côtés de cet obstacle, et procède à la formation des cercles qui doivent propager ce son. Te souvient-il d'avoir entendu avec moi, près des hauteurs romantiques de Gênes, les sons harmonieux d'une flûte et d'un hautbois, séparés de nous par une colline? Preuve évidente que, malgré l'obstacle interposé, les cercles ondulans de l'air dans lesquels réside le son, parvenaient jusqu'à nous Tu voyais la même chose, lorsque tu t'amusais à jeter des cailloux dans le réservoir qui était sous nos croisées: l'onde ne s'arrêtait point en rencontrant ce groupe de naïades ; mais elle se dilatait de tous côtés, et *cerclait* tout le réservoir par sa fluctuation. Ainsi, comme on entend le son, on devrait voir la lumière, malgré tous les obstacles de séparation. Dans l'hypothèse de Mallebranche, nous n'aurions jamais d'ombre ; nous n'en aurions pas non plus dans celle de Descartes, parce que chaque globule de lumière, en touchant beaucoup d'autres qui lui sont contigus, devrait, par sa pression, eparpiller la lumière de tous côtés, de manière qu'elle éclairerait même les lieux où le soleil ne donne point direetement ; de sorte qu'à minuit nous y verrions aussi clair qu'à midi. Nous aurions toujours la lumière sans interruption d'ombre, tant dans la supposition de Descartes, que dans celle de Mallebranche, ainsi que Newton l'a démontré, en substituant aux erreurs des autres, les plus belles vérités.

Je finis ma lettre, qui déjà t'aura paru bien longue. Adieu.

LETTRE SIXIÈME.

Premier exposé du Système newtonien.

Je viens de lire avec le plus vif intérêt, mon cher Ariste, ta lettre d'avant-hier. Je me réjouis de te voir décidé à entrer dans le sanctuaire de la philosophie. Tu sais que les profanes en sont exclus; qu'il faut renoncer d'avance aux erreurs dont on s'est nourri; qu'on doit sur-tout purger son ame de cette vaine curiosité qui enfante l'orgueilleuse folie des systèmes généraux, qu'on peut comparer au Sysiphe des poëtes, qui était condamné à élever des roches énormes qui périssaient par leur base.

Il est plus avantageux, tu le sais, de savoir l'histoire des effets qu'on observera dans la nature, que de se perdre dans les romans des causes. La marche d'un Moreau n'est-elle pas plus instructive que les courses des chevaliers errans de l'Arioste et de Boyard? Mais tous les hommes n'ont pas le don de la pénétration, de la patience, de la subtilité nécessaires pour s'assurer comment sont les choses, et pour distinguer l'apparence de la réalité. Il semble que les objets les plus proches sont couverts d'un épais brouillard qui les dérobe à nos yeux. Les effets primitifs et élémentaires nous ont été cachés par la nature, avec la même industrie que les causes. Quoiqu'on n'ait pu parvenir à connaître l'ordre et la dépendance qu'ont entr'elles les parties de l'univers, tu ne seras pas assez injuste pour penser qu'on ait pu gagner à égaliser des effets qui paraissaient différens, à les soumettre à un principe commun, et à prendre par le secours de l'observation, dans les phénomènes particuliers des corps, les lois générales qu'observe constamment la nature pour gouverner le monde. Tu ne dois pas te plaindre si mes observations n'ont tendu jusqu'ici qu'à détruire une hypothèse dont tu chérissais déjà l'arrangement. Parmi les systèmes qui ont été imaginés, il en est qui n'honorent pas la philosophie. Il en est un, sur-tout, qu'on *idéa* sur la lumière, et qui présente des conséquences vraiment risibles. On pensa que la lune présidant à la nuit comme le soleil au jour, ses rayons devaient avoir des qualités contraires à ceux du soleil, que les rayons solaires étant secs et chauds, ceux de la lune devaient être froids et humides : on en tirait la conséquence qu'ils devaient être mal-sains, et cette opinion est encore en faveur chez quelques personnes, qui disent souffrir lorsque la lune embellit notre nuit de sa lumière argentée. On vit des observateurs se réunir pour soumettre ces idées au creuset de l'expérience : les rayons lunaires furent rassemblés dans le foyer d'une grande lentille, on y plaça un thermomètre, et on vit que, malgré le rassemblement des rayons de la lune crus froids et humides, l'alcool resta au même degré, qu'ainsi il n'y eut ni froid ni chaud, et que les rayons de cette planète n'avaient que la propriété d'éclairer nos nuits, et d'élever dans le cœur des amans un sentiment mélancolique et doux qu'on aime autant que le plaisir.

Tu vois que l'observation sert à combattre les erreurs vulgaires. Elle nous apprend à nous contenter de ce que nous pouvons savoir; elles nous crient sans cesse que le vrai philosophe doit ressembler à ces princes qui préfèrent un état peu étendu, mais sûr, à un royaume vaste presque toujours menacé. Nous devons tout au grand art d'observer; c'est lui qui recule les bornes de notre savoir: c'est par lui que, l'œil armé du microscope, nous avons fait servir la mort à la vie, en sondant les replis de l'anatomie; c'est par lui qu'avec l'aide du télescope nous connaissons la structure des cieux : l'histoire naturelle lui doit tout. C'est en observant que la chimie connaît les élémens des corps qu'elle dissout, divise, rassemble, compose. De même la nautique s'est perfectionnée par l'observation, et l'homme vole avec autant de sûreté que de rapidité, d'un hémisphère à l'autre. Tu sais que la médecine où les systèmes sont si périlleux, ne peut se perfectionner qu'en raisonnant mûrement et en observant pour ainsi dire avec intempérance. Mais cet art va plus loin encore: en nous observant attentivement, en suivant pas à pas un enfant, en notant les développemens graduels des facultés de l'ame dans l'homme, nous sommes parvenus à discerner l'origine et la formation de nos idées dans l'obscurité de la métaphysique.

Newton, qui a possédé mieux que personne le talent de l'observation, nous a ouvert les trésors les plus cachés de la physique, et déployant à nos yeux la lumineuse robe du jour, il dévoila aux hommes les propriétés jusqu'alors cachées de la lumière, de cette substance qui est aux gestes ce que l'air est aux paroles, et qui nous met en commerce de pensées avec nos semblables. Admire avec moi ces nuances inimitables qui sont la palète où la nature puise les teintes qu'elle offre à nos regards; comprends leur marche, leurs effets, et que la vérité raisonne dans ton esprit par la bouche de Newton.

Un rayon solaire, pour aussi subtil qu'il soit, est réellement, comme je l'ai dit, un faisceau d'autres rayons mais qui ne sont pas de la même couleur. Quelques-uns sont *rouges*, *orangés*, *jaunes*, d'autres *verts*, *indigo bleus*, *violets*. On appelle, primitifs et homogènes tous ces rayons qui ont une couleur propre et particulière, de leur mélange résulte un rayon hétérogène, ou composé, qui paraît blanc, ou pour mieux dire, doré.

Ainsi, la lumière est pour ainsi dire la mine des sept couleurs où la nature trempe ses pinceaux pour peindre tous les objets; car il ne faut pas croire qu'un rayon soit teint de rouge ou de bleu, par la diversité des milieux où il passe;

mais du sein du soleil même il apporte avec lui une couleur inaltérable que nous n'apercevons point. Il fallait tout le génie de Newton (éclairé cependant par les idées d'Isaac Vossius), pour découvrir cette couleur; il l'aurait même tenté envain, si les rayons primitifs, tombant d'un milieu dans un autre avec une certaine obliquité, n'avaient la propriété de se réfranger et de résoudre par cette action le composé et ses composans.

Ces rayons ont un degré de réfrangibilité invariable comme leur couleur. Pour t'en convaincre, et pour mieux me comprendre, transporte-toi dans une grande chambre obscure qui recevra un rayon solaire par un soupirail de 8 millimètres de diamètre. Ce rayon introduit de cette manière, tracera sur le pavé un spectre rond et doré. Non loin du soupirail, place un prisme (que je t'enverrai avec ma lettre, monté suivant les idées qu'en donne le savant Nollet) qui recevra le rayon transversalement. Il doit être situé de façon qu'une de ses faces soit dirigée vers le plafond, l'autre vers le soupirail, et l'autre vers le mur qui l'avoisine. Le rayon du soleil qui entre par la face dirigée vers le soupirail, sort par celle qui est près du mur; de sorte que le prisme, semblable à un coin, brise le rayon, le réfrange, et le jette sur le mur. Maintenant la trace lumineuse que le rayon réfrangé imprime sur le mur, n'est pas semblable à celle que le rayon direct traçait sur le pavé. La première était ronde et d'un blanc doré, tandis que la seconde est cinq fois plus longue que large, de figure *quadrilongue*, mais arrondie vers ses extrémités; elle est distinguée en outre, par sept couleurs qui paraissent dans l'ordre suivant. L'extrémité inférieure est occupée par le *rouge*, près de lui l'*orangé*, plus haut le *jaune*, après le *vert*, ensuite le *bleu*, après l'*indigo*, et enfin le *violet* qui occupe la partie supérieure. Des nuances intermédiaires et innombrables unissent ces rayons. On change l'ordre de la réfraction, en tournant le prisme sur lui-même. Lorsque le rayon solaire tombe plus ou moins obliquement sur le prisme, le spectre monte et descend sur le mur. Mais si l'on arrête le prisme à l'instant où le rayon, pour entrer comme pour sortir, est incliné vers les faces du prisme, on obtient le spectre de la longueur décrite, et les couleurs y sont plus belles que jamais. On peut dire alors que

> Nè il superbo pavon, si vago in mostra.
> Spiega la pompa d'ellà occhiute piume,
> Ne l'iride si bella in dora e in nostra,
> Il curvo grembo e rugiadoso al lume.

Ce phénomène ne peut s'expliquer qu'en se persuadant que la lumière est composée de plusieurs espèces de rayons différemment colorés et diversement réfrangibles, et que le prisme n'a d'autre propriété que de les désunir; qu'enfin cette experience est une véritable analyse de la

lumière,

lumière, dont je te ferai voir la synthèse lorsqu'il en sera tems. Cependant le philosophe italien, *Grimaldi*, supposa que la lumière se colorait par la réfraction du prisme, et que chaque rayon se dispersait, se divisait en plusieurs autres, afin que le spectre fût coloré, et qu'il fût une fois plus long que large. Il nomma cet effet, *dispersion de la lumière*. Il faut donc que celui qui n'admet point la réfrangibilité des rayons, ait recours à la dispersion de Grimaldi, s'il veut expliquer la formation du spectre coloré. Newton, qu'on accusa de tirer de ses expériences plus de conséquences qu'elles n'en fournissent, et d'avoir établi sur celle-ci la diverse réfrangibilité des rayons, n'osa prononcer de suite sur l'opinion de Grimaldi, et tenta des expériences nouvelles. Tu peux la répéter, en préparant un second prisme de manière qu'il reçoive le spectre du premier; ce qui s'obtient en le plaçant perpendiculairement à un mètre ou plus de distance. Le prisme horizontal réfrangera les rayons de bas en haut; celui qui est droit les réfrangera de côté, à droite ou à gauche, mais toujours avec les mêmes couleurs.

Cette nouvelle réfraction des couleurs doit être la preuve comparative de la réfrangibilité newtonienne, et de la dispersion de Grimaldi, ou enfin, de cette fortuite inégalité des réfractions, qui n'est d'aucun système. Tu comprendras facilement que si la coloration et la longueur du spectre était due à la dispersion de chaque rayon de bas en haut, la seconde réfraction devrait disperser de nouveau les rayons, en les étendant à droite et à gauche, puisque c'est ainsi qu'elle s'opère ; de manière que l'image du soleil, réfrangée par le second prisme, ne devrait ressembler en rien à celle du premier. Mais si la réfraction du prisme n'a d'autre action que de séparer les rayons différemment colorés et réfrangibles qui sont dans la lumière, et de former ainsi le spectre *septuplement* coloré, la seconde réfraction ne peut qu'incliner le spectre qui était droit, sans lui ôter ses couleurs.

L'inclinaison du spectre, qui est la suite de la seconde réfraction, vient de ce que les rayons violets et rouges étant plus fortement réfrangés, l'extrémité supérieure de l'image colorée, sera plus à gauche que l'inférieure, et qu'alors sa position sera oblique. Un nombre indéterminé de prismes placés de la même manière à la suite du second, n'altèrent ni la coloration, ni la réfrangibilité des rayons. La nature sembla parler pour Newton. Cependant son adversaire ne s'avoua point vaincu. On osa dire que toutes ses expériences appuyaient l'opinion de Grimaldi. On est tenté de dire, lorsqu'on lit ces détails: Pourquoi Grimaldi n'a-t-il point soutenu son hypothèse par une expérience si facile ? car enfin il ne fallait que placer un prisme après l'autre. Mais peut-être la position de ce prisme était plus difficile à trouver que la création d'un système.

Newton, toujours grand dans ses idées, toujours sûr de ses expériences, ne trouva point sa dernière assez concluante, et voulut convaincre les physiciens par une multitude de faits nouveaux.

Transporte-toi dans une chambre obscure, où deux faisceaux de lumière sont introduits par deux trous de quelques millimètres de diamètre. Ces deux faisceaux lumineux, reçus sur deux prismes, traceront deux spectres sur le mur opposé. Tends horizontalement un cordon blanc dans toute la largeur de l'appartement, et de manière qu'il soit éclairé par le rayon rouge d'un des spectres solaires, et par le violet de l'autre (ce qui s'obtient facilement par la rotation des prismes). Il faut aussi que ces deux couleurs se touchent sur le cordon. Le mur doit en outre être tapissé de noir, afin qu'il ne réfléchisse aucune lumière qui pourrait troubler l'expérience. Le cordon vu, le prisme à l'œil, à une certaine distance, semble plus haut ou plus bas qu'il n'est réellement. Il semble encore qu'il est rompu, parce que le violet, éprouvant une plus forte réfraction que le rouge, est beaucoup plus élevé. Par une nouvelle position du prisme, l'indigo remplace le violet à côté du rouge. Le cordon semble moins rompu, moins encore, si les autres couleurs, successivement moins réfrangibles, colorent le cordon à côté du rouge ; et lorsqu'enfin tout le cordon est éclairé par les rayons rouges des deux prismes, il semble égal, parce que la réfrangibilité est égale. Cette expérience exigeant un appareil trop coûteux, je la remplace par la suivante. On couvre une table avec un tapis noir, on y pose une feuille de papier teinte avec quatre couleurs: le *rouge*, le *jaune*, le *vert* et le *bleu.* On l'éclaire avec une chandelle ou deux, et on l'examine à une certaine distance avec le prisme à l'œil. Il semble rompu en quatre endroits, et les couleurs gardent entr'elles leur ordre respectif de réfrangibilité.

Ainsi, toutes les expériences à ce sujet, répondent au système newtonien, comme les touches d'un *piano* sous les doigts d'un habile musicien; ou comme l'obéissance d'un fat, aux ordres d'une belle femme.

Tu peux, en attendant ma prochaine lettre, répéter les expériences décrites dans celle-ci. Adieu.

LETTRE SEPTIEME

Continuation du système newtonien.

Tu viens de t'assurer par toi-même que toutes les expériences répondent à notre système. J'ose dire que ces preuves sont presque aussi évidentes que les preuves géométriques. Je dis presque, parce qu'il y a une grande différence entre les preuves fondamentales de la géométrie, et celles qui protègent les vérités physiques. Une seule preuve géométrique qui remonte à l'essence des choses elles-mêmes qui sont son propre objet, en vaut seule plusieurs de philosophie, qui ne peut les obtenir que de plusieurs particularités qu'elle observe.

Les preuves de la réfrangibilité ont cependant tant de force, que tout constraste serait inutile. Il faut te dire aussi que l'homme qui te guide par ma voix, dans le champ de la philosophie, était le plus grand des géomètres. Newton avait le talent de *géométriser* toutes les preuves. Cependant son oppositeur d'Italie se chargea de démontrer la fausseté de la réfrangibilité. Peut-être crut-il passer à l'immortalité avec le titre d'adversaire de Newton. Peut-être aussi a-t-il contredit l'optique anglaise, parce qu'il était de cette classe de savans qui ont juré haine et inimitié aux doctrines étrangères.

On trouve une autre preuve de la réfrangibilité dans la distance des feux que les couleurs ont dans la lentille. Quoiqu'en disent ceux qui veulent s'aveugler devant le flambeau du vrai, différens rayons colorés venant d'un même point dans une loupe, ne devront pas s'y réunir au même lieu, s'il est vrai que les uns sont plus réfrangis que les autres. Les plus réfrangibles ont leur feu ou point d'union plus près de la lentille que ceux qui le sont le moins; en voici la preuve : sur le mur de la chambre obscure où le spectre était tracé, Newton plaçait un livre ouvert, et tout était arrangé de manière que les rayons rouges qui sont les moins réfrangibles étaient les seuls qui éclairassent ces caractères du livre : il plaçait à quelques pieds de distance un verre convexo-convexe qui réunissait en autant de points derrière lui les rayons que le livre réfléchissait, et en traçait l'image sur un carton placé à cet effet, comme la lentille trace dans la chambre obscure celle des objets extérieurs. Ces caractères noirs étaient très-lisibles dans le rouge; ils étaient sales et confus si le bleu remplaçait le rouge; ils devenaient clairs encore en approchant le carton blanc de la lentille, et ainsi de suite avec tous les autres rayons. Algarotti répéta cette expérience pendant la nuit, mais d'une manière différente. Il se servit de quatre cartons, dont un *bleu*, l'autre *rouge*, *jaune*, et enfin *verd* : il y passa quelques fils de soie noire pour remplacer les caractères du livre. Tous ces cartons furent placés parallèlement dans une chambre tendue de noir ; ils furent éclairés par quelques bougies placées de manière que la lentille, disposée comme dans l'expérience newtonienne, ne recevait que la lumière réfléchie par les cartons.

L'image de ces cartons reçue sur une feuille de papier blanc, n'était pas toujours également distincte, ce qui s'apercevait par la netteté des fils de soie. La plus voisine était celle du carton *bleu*; la seconde celle du *vert*; la troisième celle du *jaune*; et enfin celle du *rouge* était la plus éloignée. Comment se refuser à l'évidence de ces faits? la gradative distance des feux des diverses couleurs ne provient-elle pas, peut-elle provenir d'autre chose que de la réfraction qu'elles éprouvent?

On attaqua, on nia ces expériences; mais quelque obstinée que fût la guerre que l'Italien livrait au système newtonien, il eut le sort de cette maison de campagne romaine, qui, mise en vente lorsqu'Annibal y campait, ne diminua point de valeur. Mais n'entendait-on point au milieu des acclamations du triomphe les pasquinades licencieuses du soldat? Le public imposa toujours une taxe sur le mérite. Nomme-moi une belle femme qui n'ait point été critiquée par son sexe? il était pour ainsi dire de l'honneur du système newtonien d'être critiqué de toutes parts. On nia la réfrangibilité, d'autres, l'immutabilité des couleurs qui fut découverte par Newton. Un philosophe français, le savant *Mariotte*, répéta les expériences de

Newton à ce sujet, et trouva le contraire de ce qu'on avait avancé. Le scandale fut grand, on parla très-mal des opinions d'outre-mer; et un système, fils tardif de l'expérience, fut placé parmi les décousus des opinions humaines.

Qui pourrait cependant accuser Newton de s'être trompé dans cette expérience sur la qualité immuable qu'apportent avec eux les rayons de la lumière ?

L'expérience de ce grand philosophe consiste à former le spectre solaire, en recevant les rayons lumineux sur un verre lenticulaire placé au trou dont je t'ai parlé dans les autres expériences, et qui sert à bien réunir les rayons que le prisme réfrange de suite, et dont on reçoit l'image sur un carton blanc peu éloigné. Ce carton doit être percé dans son milieu, afin de donner passage au rayon qu'on veut réfranger de nouveau par un nouveau prisme qui l'attend à son issue. On les réfrange ainsi successivement tous de bas en haut, de haut en bas. On pourrait même multiplier les réfractions à l'infini, et s'il arrivait qu'elles produisissent une autre couleur, on pourrait dire que la coloration des rayons du soleil dépend du prisme : il serait permis aux physiciens de chercher de quelle manière cela s'opère, de supposer des mouvemens de rotation, des oscillations, des vibrations, des aberrations, pour obtenir ce phénomène; mais si au contraire le rayon conserve toujours sa couleur, toutes

ces

ces belles idées philosophiques, et le temps mis à les rassembler s'en iront de pair avec les vers de tant de poëtes, avec les espérances des courtisans, joindre dans la lune de l'Arioste, le bon sens que leurs auteurs n'auront plus. Maintenant, voici ce qui arrive : si deux rayons, l'un rouge, l'autre bleu, tombent sur le second prisme avec la même obliquité, le bleu réfléchi ensuite frappera le mur plus haut que le rouge, et les autres couleurs tiendront le rang que leur réfrangibilité leur assigne. Celles qui sont fortement réfrangées par le premier prisme, le sont plus fortement par le second, et tracent sur un carton blanc où on les reçoit, une petite image ronde d'une seule couleur. Il est clair que la réfraction n'est rien pour la production des couleurs; qu'elles sont immuables, innées dans la lumière, et que chacune d'elles a son propre degré de réfrangibilité. Mariotte refit cette expérience, et il trouva qu'après la seconde réfraction, il se joignait au rouge ou au bleu, je ne sais quelle autre couleur. Il est sûr que le physicien français ne fit point cette expérience avec toutes les précautions indiquées par Newton, et que vraisemblablement quelque lumière étrangère troubla l'opération. Peut-être aussi les prismes étaient mauvais. Quoi qu'il en soit, Mariotte avait tant de poids parmi les savans, qu'il entraîna l'opinion de tous contre le système anglais. Il eut la grandeur d'ame de se rétracter, lorsque plusieurs savans français, que l'amour des sciences guida près de Newton, se furent convaincus que cette expérience était une révélation de la nature, et que Mariotte n'avait pu obtenir les résultats annoncés par Newton, parce qu'il n'avoit pas su opérer comme lui.

Graces à cette paix philosophique, l'optique anglaise jouit de la plus haute considération dans l'Europe savante. Cependant quelques Italiens l'attaquèrent encore, en remettant en avant l'expérience de Mariotte. Ils nièrent la réfrangibilité et l'immutabilité des couleurs. Alors le comte Algarotti se rendit à Bologne, cité fameuse par son académie, pour répéter cette expérience. Il préféra cette ville à toute autre, parce qu'elle était neutre dans toutes les disputes philosophiques, et pour joindre ses observations à celles de plusieurs savans qui s'honoraient de son amitié. Tout fut disposé avec le plus grand soin; mais, malgré que la chambre obscure fût *muette de lumière*, un accident s'opposa à sa bonne volonté. Les couleurs réfrangées par le second prisme, prenaient toujours une teinte azurine qui, à la vérité, n'était ni stable, ni régulière, mais qui pouvait servir d'attaque raisonnable aux anti-newtoniens. Algarotti fut déconcerté; il n'osa croire que Newton se fût trompé; il observa, calcula tout, et vit avec joie que le prisme étant inégal dans sa masse, devait éparpiller la lumière, et causer cette teinte qui masquait les autres couleurs. Alors il s'attacha à se procurer des prismes propres à cette expérience. Elle fut bientôt tentée d'une manière victorieuse par des prismes anglais, purs, nets et brillans, tels, en un mot, que les armes que les dieux donnaient aux héros. Le spectre du soleil, rendu par eux, fut clair, pur, sans voile et sans ombre. Les couleurs réfrangées plusieurs fois, furent si immuables, que l'œil le plus sophistique, l'œil du zoïle de Newton, n'aurait pu y découvrir la moindre altération. Tu vois, ami, que la Nature répond toujours d'une manière claire et égale lorsqu'on sait l'interroger; on est encore assuré de l'immutabilité par d'autres expériences. Lorsqu'on regarde, avec le prisme à l'œil, un objet éclairé par un rayon homogène, *rouge*, *vert*, *bleu*, ou tout autre, sa couleur ne change point, mais il paraît hors du lieu où il est réellement. Les plus fins caractères exposés à cette lumière, se lisent facilement avec le prisme à l'œil, tandis que lorsqu'ils sont exposés à la lumière hétérogène du jour, ils sont troubles, confus par les diverses réfractions que le prisme fait éprouver aux rayons.

Si les couleurs n'étaient qu'une propriété de la lumière, acquise par la réflexion des superficies des corps, un objet rouge au soleil devrait aussi être rouge dans la lumière bleue du spectre coloré; et si les superficies pouvaient modifier la lumière solaire, elles pourraient bien mieux modifier celle qui vient de l'être par le prisme. Les expériences newtoniennes nous prouvent le contraire. L'*or*, l'*écarlate*, l'*émeraude*, le *saphir* et tous les corps diversement colorés, sont rouges lorsqu'on les éclaire avec le rayon rouge du spectre solaire, verts avec le rayon vert, etc. On remarque cependant que chaque corps brille davantage dans sa couleur, excepté le blanc, qui prend toutes les teintes avec le même éclat. Les atômes qui volent dans l'air, se teignent ainsi de la couleur du rayon qu'ils rencontrent. Mais tu verrais, le *corail* brillant dans le *rouge*, languir dans le *vert*, et s'éteindre dans le *bleu*. De même, le *lapis lazuli* brille dans le *bleu*, perd dans le *vert*, plus encore dans le *jaune*, et disparaît dans le *rouge*. Chaque corps réfléchit ou transmet en abondance, s'il est diaphane, les rayons de sa couleur, les autres, plus ou moins, en proportion du rapprochement de leur couleur avec le rayon coloré.

Des rayons *verts*, *rouges*, *jaunes*, *violets* sont toujours les mêmes après s'être croisés plusieurs fois; enfin, les couleurs de la lumière sont immuables, malgré toutes les tortures qu'on puisse leur faire éprouver.

On pourrait comparer la constance à la lumière; mais en attendant qu'on en trouve un exemple, je l'applique à notre union qui sera toujours aussi pure, aussi immuable qu'elle. Adieu.

LETTRE HUITIÈME.

Suite du même système.

QUE j'aime à voir ton enthousiasme ! avec quel plaisir je lis le récit de ces songes où tu ne vois que prismes, que spectres solaires : tout s'embellit devant toi, mon cher Ariste ; tel est l'effet des sciences, même les plus abstraites, elles ne sont, lorsque nous y sommes initiés, qu'une source perpétuelle de plaisirs.

Lorsque nous nous livrons avec ardeur à une idée qui nous est chère, l'imagination vole, et se retrouve souvent à un point que la raison n'ose fixer. C'est sans doute lorsque les passions furent au dernier période, qu'on vit l'Illiade, l'Enéide, les poëmes de Dante et de Milton : de même, la philosophie marcherait vers quelque chose de grand, si l'amour qu'on a pour elle avait assez de force pour exalter notre esprit.

Après avoir vu l'analyse de la lumière, il est naturel de penser à sa synthèse. Nous devons encore à Newton cette belle expérience. Il reçut le spectre coloré sur un verre convexo-convexe. — Afin que les rayons séparés par le prisme fussent rassemblés et réunis de nouveau dans son foyer, il reçut les rayons réunis sur un carton qu'il agitait jusqu'au moment où ils ne faisaient qu'une image ronde, un tout, une lumière artificielle aussi pure que celle du soleil : les couleurs reparaissent encore si l'on éloigne le carton, ce qui prouve que les rayons n'ont point perdu leurs qualités naturelles, et que leur réunion forme la blancheur de la lumière. Les expériences newtoniennes sont douées d'une précision si géométrique, qu'elles servent toujours à prouver plusieurs faits. Celle-ci confirme l'immutabilité des couleurs et la composition de la lumière. J'ai souvent comparé la philosophie de Newton aux guerres antiques, où une seule bataille gagnée décidait de la conquête d'une province ; et celle de ses adversaires, à la guerre moderne, où le fruit de la plus complète victoire consiste à prendre un fort qu'on doit rendre quelques mois après moyennant un traité. Mais revenons à notre expérience : toutes les fois qu'on intercepte un rayon, le rond blanc prend de suite la couleur du rayon dominant. Ainsi, si l'on exclut le rouge, le rond est bleu, et *vice versâ*. Aussitôt que les rayons interceptés reprennent leur cours, ils se réunissent aux autres et forment le blanc. Le spectre coloré dans la chambre obscure paraît blanc si on le regarde avec le prisme à l'œil, parce que le prisme rassemble les couleurs. Tu dois te souvenir de l'ordre que les couleurs gardent entr'elles. Figure-toi maintenant que quelqu'un regarde le spectre avec le prisme à l'œil, tu sens facilement que le prisme portant les couleurs plus réfrangibles sur celles qui le sont moins, leur confusion doit former le blanc. L'arc-en-ciel, ou Iris, qui, comme tu le sais, est la séparation des couleurs solaires, opérée par les nuages aqueux qui sont entre lui et nous, paraît blanc lorsqu'on le regarde avec le prisme à l'œil ; parce qu'on accumule les bandes colorées. On peut observer ce phénomène, sans attendre que l'Iris orne les voûtes du ciel. Ceux qui habitent les bords du Rhône turbulent, et les pays où les torrens tombent à flots pressés des roches granitiques, voient pendant les jours sereins, les couleurs de l'Iris dans l'écume de l'eau qui se brise sur les cailloux.

Ce spectacle est superbe, sur-tout à la cascade du *Niagara*, dont le bruit porte l'épouvante au loin, mais dont l'onde brisée et élevée vers le ciel, présente sans cesse plusieurs arcs provenans de la séparation des rayons solaires. Les sauvages de l'Amérique en sont les froids admirateurs, ils évitent ces contrées tumultueuses, les bêtes féroces mêmes sont épouvantées du fracas de cette chute; tandis que les canots ne peuvent s'approcher qu'à cinq lieues de distance, parce que les nombreux tourbillons du fleuve les submergeraient. Là, disent plusieurs voyageurs, les forêts toujours verdoyantes, parlent des siècles qui furent, elles élèvent leurs cimes antiques vers le ciel, tandis que les débris des végétaux qui les composent, nourrissent par leur décomposition ceux qui leur doivent la vie. J'ai souvent admiré ce phénomène aux cascades de Terni, de Tivoli. L'art peut le contrefaire en divisant dans l'air un filet d'eau où les rayons lumineux viennent se décomposer. Je m'égare toutes les fois que je parle des beautés de la nature, et je m'éloignc des expériences que tu réclames, en maudissant peut-être les idées qui m'emportent si loin. Tu sais que les rayons colorés forment le blanc lorsqu'ils sont réunis par une lentille; tu dois te rappeler que toutes les fois qu'on intercepte un rayon, la blancheur disparaît ; mais je ne t'avais point dit que le cercle restait blanc lorsqu'on interceptait rapidement et alternativement tous les rayons, avec un instrument fait en forme de peigne. Cela doit être ainsi, parce que les impressions que les différentes couleurs font sur l'organe de la vue, durent très-peu, et que se succédant avec rapidité sur la rétine, elles doivent s'y confondre, et faire naître l'idée de blanc. On confirme encore cette expérience en tournant rapidement un globe peint spiralement avec les couleurs prismatiques. On s'en assure aussi, en tenant un carton blanc devant le spectre prismatique, de manière que si toutes les couleurs l'éclairent également, il paraît blanc, et si on le meut çà et là, il se teint de la couleur qui l'avoisine le plus.

Newton tenta encore de former le blanc par le mélange de plusieurs corps colorés. Il y réussit, mais ce blanc était nébuleux, sale, trouble, mais qui cependant brillait davantage lorsqu'on l'exposait à la lumière solaire.

On vcit encore que toutes les couleurs forment

le

le blanc, lorsqu'on examine de près les bulles de l'écume de savon, et qui sont toutes colorées ; mais si on s'éloigne, les couleurs se confondent, et forment un blanc parfait.

Les plus petites choses, les enfantillages sont quelquefois les preuves des plus sublimes vérités. Cette expérience sur l'écume du savon était depuis long-temps sous les yeux de tous, et Newton seul sut s'en servir. De même, les Romains qui avaient su graver des lettres sur les métaux, sur les pierres les plus dures, ne surent pas, n'imaginèrent même point de les rassembler pour former un alphabet, et imprimer. Un des plus grands hommes de notre siècle, dont j'ai eu le bonheur d'entendre les leçons, le célèbre, le vertueux Spallanzani, m'a dit souvent : *tous voient et peu observent.* Cette sentence s'applique sur-tout aux anciens, qui ne faisaient point de cas de l'observation. Ils mutilaient les textes d'Aristote, qui n'est obscur que parce qu'on le commente, et croyaient avoir tout dit lorsqu'ils soutenaient que la couleur *était l'action du pellucide, autant qu'elle est pellucide.* Lorsque nous portons nos regards sur les époques passées, nous voyons que les philosophes négligeaient le grand art de l'expérience. Un de ceux qui se distinguèrent le plus, *Sénèque*, nous parle d'un prisme de verre, qui, exposé au soleil, et traversé par ses rayons, formait les couleurs que nous avons nommées *homogènes.* Il décrit très-bien l'effet, mais lorsqu'il veut chercher la cause, il croit avoir deviné juste, en comparant son prisme au col d'une colombe, où les couleurs ne sont qu'une apparence.

Comment est-il possible que les poëtes anciens connussent si bien le cœur humain, puisqu'ils ont possédé l'art de l'émouvoir par leur poésie; et comment se fait-il que les philosophes observassent si peu, lorsqu'ils avaient devant eux l'exemple des Homère, des Virgile, qui certainement n'étaient parvenus à la perfection qu'en observant beaucoup? Mais telles sont les contradictions de l'esprit humain. J'ai vu souvent un homme prudent, raisonnable dans une chose, et fou, imprudent dans une autre, quoique dans les deux il eût dû garder pour règle les mêmes principes et les mêmes maximes. Je crois cependant que les anciens eurent des observateurs profonds, des Newton dans les autres arts, mais non dans la philosophie. Ils méprisaient l'art expérimental qui sentait trop le mécanique. Auraient-ils jamais cru que cet art immense devait nous faire connaître l'industrie de la nature; que nous peserions par le raisonnement les exhalaisons de la mer, la transpiration insensible de l'homme? Auraient-ils cru celui qui leur aurait dit que les races futures placeraient les corps dans des espaces différens de celui que nous habitons, comme dans le vide; qu'elles imiteraient, par des mélanges, l'Etna, le Vésuve? qu'elles commanderaient, pour ainsi dire à la foudre, au tonnerre que nous imitons dans nos cabinets? que nous saurions dissoudre, séparer, composer de nouveau, les corps qu'ils nommaient élémens ? Ils auraient ri d'un tel oracle, et ils se seraient consolés par l'espoir que nous ne pourrions les surpasser, parce que le divin Platon annonça solemnellement que cela ne serait jamais.

Newton décomposa la lumière, la composa de nouveau, comme je te l'ai déja dit, et traita cette lumière artificielle comme celle qui sort vierge du sein du soleil, et pour ainsi dire des mains du Créateur. Il plaça deux prismes, et situa une lentille entre eux, à une distance telle, que les rayons solaires réfrangés par le premier prisme, et réunis ensuite par la lentille, éprouvaient la réfraction du second prisme ; le spectre formé du rayon artificiel reçu sur une seconde lentille, forme, comme je m'en suis convaincu plusieurs fois, un rayon de lumière semblable à celle du jour. Il est beau de voir, lorsqu'on intercepte un rayon au passage de la lentille, combien il est impossible qu'il se reproduise par toutes sortes de réfractions. Les corps plongés dans cette lumière artificielle, gardent leur couleur comme dans la lumière solaire. Mais si on intercepte le rouge, le sulfure de mercure, ou cinabre, perd sa couleur, et les violettes la leur, lorsque les rayons bleus et violets sont interceptés.

Ainsi, Newton fut l'émule de la nature, il connut l'art de Dieu dans la matière, et tout confirma les vérités qu'il avait précédemment découvertes, et donna la dernière main à son bel ouvrage.

La fable dit que Prométhée vola un rayon de vie aux immortels; on peut dire que Newton leur vola le secret de la composition de la lumière, pour en faire part aux hommes. Ce que je te dirai de lui, dans ma prochaine lettre, te prouvera combien il était grand dans l'art de l'expérience. — Adieu.

LETTRE NEUVIÈME.

Application de la théorie newtonienne à la coloration des corps.

L'ÉCUME de savon dont je t'ai parlé dans ma précédente, découvrit à Newton le mystère de la coloration des corps. Il s'assura que ce grand phénomène ne peut être attribué qu'aux séparations, aux mélanges des rayons colorés qui, comme on le sait, peuvent former cent dix-neuf combinaisons qui en forment d'autres à l'infini, et que, si la lumière n'avait que des rayons d'une seule couleur, tous les corps de l'univers n'auraient qu'une seule teinte. Cette certitude aurait découragé tout autre philosophe que lui; mais il s'enflamma au contraire du desir d'en savoir davantage. Pourquoi cette tapisserie jaune aime-t-elle mieux réfléchir les rayons jaunes que les autres? Pourquoi l'herbe préfère-t-elle les verts? Voilà les questions qu'il osait faire à la nature, et voici son industrie pour en obtenir la réponse: Il souffla l'écume de savon avec un chalumeau, afin de l'élever en grosses bulles; il les posa légérement sur un plan uni, et les couvrit avec une cloche de verre, pour les défendre des ondulations qui existent toujours dans l'air, et qui auraient pu troubler l'expérience. Après toutes ces précautions, il observa que dans un court espace de temps, ces bulles se couvraient de diverses couleurs qui s'étendaient, de l'une à l'autre en guise d'anneaux, à leur partie supérieure. Mais lorsque les voiles aqueux dont elles étaient formées s'affaissaient, les anneaux s'élargissaient, et finissaient par se dissiper sous forme de brouillard. Il est certain qu'on ne peut attribuer la variété des couleurs aperçues, qu'à la différente grosseur des bulles de savon. Mais pour pouvoir s'en assurer davantage, Newton se servit d'un moyen qu'il rapporte dans son *Traité d'Optique* sur la lumière.

Il prit deux verres objectifs, l'un plan-convexe, propre à un télescope de 14 pieds, et l'autre, un grand verre convexe des deux côtés, propre à un télescope d'environ 50 pieds. Il appliqua le premier sur le dernier, et après les avoir légérement pressés pour les unir, il les exposa au soleil. On observait au point de leur contact, une tache noire ceinte d'anneaux colorés, violets, rouges, jaunes, orangés, formés par la lumière réfléchie par la lame d'air contenue entre les deux pièces de verre. La variété des couleurs provenait de la différente grosseur de la lame d'air. Newton plaça ces verres alternativement dans chacun des rayons homogènes de la lumière, afin de déterminer quelle était la grosseur des molécules relative à chaque couleur. Les anneaux étaient de la couleur du rayon auquel on les exposait. Il mesura séparément ces anneaux, et il vit que le violet était le plus étroit ; que l'indigo, le bleu, le vert, le jaune, l'orangé, s'élargissaient proportionnellement jusqu'au rouge, qui était le plus large de tous. Les effets eussent été les mêmes, comme je l'ai éprouvé, si les verres avaient contenu de l'eau bien limpide, et même de l'alkool. On déduit de cette expérience, que les rayons plus réfrangibles sont aussi les plus réflexibles. Ainsi, les corps sont comme des tissus dont les fils, en raison de leur densité ou grosseur, réfléchissent à nos yeux une couleur plutôt qu'une autre, et que les rayons différens s'éteignent, se perdent entre les pores ou intervalles existans entre ces fils, et qu'ainsi tout le tissu paraît de la couleur que ces fils ont la propriété de réfléchir. Pour te faire mieux comprendre ce que je te dis, il faudrait t'apprendre quelle est la relation d'une lame d'air et d'eau, à l'herbe ou au taffetas jaune, rouge, etc. Comment est-il possible, me diras-tu, qu'une même cause colore une feuille de marronnier et une lame d'air ? C'est ici, mon ami, que le principe d'analogie joue son principal rôle : tu sais que ce principe est, pour ainsi dire, la pierre angulaire de tous les édifices que la physique élève. Si nous voyons deux êtres semblables en tout, s'ils semblent être de la même famille, nous conjecturons presque toujours avec raison, qu'ils se ressemblent encore par des propriétés évidentes dans un, et qui ne le sont point dans l'autre. Cette loi gouverne en tout la prudence humaine. C'est par elle que les philosophes connaissent la nature des corps qu'ils ne peuvent manier à cause de leur excessive petitesse, ou de leur extrême éloignement, Fontenelle s'en sert avec un art incomparable dans ses *Mondes*. Il démontra presque d'une manière irrécusable, que la lune étant éclairée par le soleil, doit, comme nous, connaître la nuit et le jour, puisqu'elle tourne sur elle-même; que ce corps, semblable à celui que nous habitons, doit avoir des mers, des montagnes, des vallons, des volcans, des forêts, et conséquemment des villes et des habitans. Newton sut de même établir des similitudes entre les lames d'air colorées, et les molécules qui composent les corps. Il établit d'abord, que, semblable aux lames d'air, tous les corps connus sont diaphanes, pourvu qu'on les réduise en écailles assez fines pour donner passage aux rayons lumineux.

Les pierres les plus dures, les métaux, l'or enfin, sont perméables par la lumière, et si la densité ou grosseur des lames d'air détermine telle ou telle couleur, la même cause doit aussi déterminer tel ou tel corps à réfléchir telle ou telle couleur. Or, nous pouvons croire que les molécules des corps violets et bleus sont moins grosses que celles des corps jaunes ou rouges. Cette teinte de saphir qui habite le ciel, et qui est si douce à nos yeux, nous est réfléchie par les vapeurs les plus légères, qui de la terre s'élèvent dans l'atmosphère. La même conjecture nous annonce que les vapeurs plus grossières, plus denses,

réfléchissent

réfléchissent le rougeâtre dont l'horizon se teint au déclin du jour. Les nuages blancs qui ondulent dans l'espace, sont un mélange de vapeurs qui réfléchissent chacune leur couleur, et qui, comme l'écume de savon, forment le blanc. Une autre expérience prouve encore que la grosseur des molécules détermine la réflexion des couleurs; et tu l'as faite cent fois, en versant des acides sur les couleurs bleues végétales, ou en y mêlant des alkalis. Les corps colorés qui s'échauffent plus ou moins promptement, confirment ces assertions. Le blanc est brûlé bien plus tard que le noir, au foyer d'une loupe. Un chapeau noir qui sied si bien aux dames anglaises, nuirait aux belles Italiennes, parce qu'il engloutirait tous les rayons qui le frapperaient. Les aveugles qui distinguent les couleurs par tact, sont un effet et une preuve du système newtonien. Et pourquoi serait-il impossible de distinguer les couleurs avec cette infinité de nerfs qui nous donnent au bout des doigts la sensation du tact? Si, comme ces aveugles, nous n'écoutions que cette seule sensation, nous distinguerions, n'en doutes pas, la couleur des corps par la grosseur des fils dont ils sont tissus. Je ne puis cependant te dissimuler que cette observation (si elle est réelle) cadre avec les idées de Descartes, comme avec les faits de Newton, car tu sens que les parties des corps devraient être très-différentes entr'elles pour modifier différemment la lumière, et donner ainsi l'idée de couleur. Mais je vais te parler d'un autre phénomène qui appartient exclusivement au système newtonien, Deux prismes ou deux liqueurs, une *bleue* et l'autre *rouge*, diaphanes séparément, sont opaques en les appliquant l'une contre l'autre. Comment se fait-il que de deux corps transparens il en résulte un opaque qui ne laisse passer aucune lumière? de deux semblables, un contraire, par une simple juxta-position? Je défie tous les systèmes possibles, hormis celui de Newton, de me donner la solution de cette question. Elle est cependant très-facile, et la voici : Les parties d'une liqueur qui donnent passage aux rayons rouges, ne peuvent les transmettre, parce que la liqueur bleue ne reçoit que les rayons bleus et repousse tous les autres, et *vice versâ*.

Ces énigmes d'optique s'expliquent avec Newton, sans éluder l'oracle de la nature. Toute preuve qui n'a point force de démonstration, ne peut être admise parmi les preuves newtoniennes; on ne peut même y souffrir celles qui, par analogie, se trouvent entre la production des couleurs et celle des corps naturels.

Il est maintenant hors de doute, et même de question, que tous les êtres, les plantes, les animaux, ne sont pas formés à l'instant où ils voient la lumière; mais que les embrions se développent suivant le concours des causes externes, parce que tout fut créé à la fois, et que la naissance n'est qu'un développement. — Un gland contient en lui un chêne qui ombragera le sol où il s'élevera, donnera de nouveaux glands qui pourront faire naître une forêt, pourvu que le premier gland, ainsi que ceux qui le suivront, trouvent un degré de chaleur et des sucs propres à les faire germer. Nous devons de même considérer les animaux de toute espèce, et penser qu'avant leur naissance ils sont contenus en nombre infini dans l'ovaire, ou ailleurs. L'homme qui nous semble supérieur à tous les êtres organisés, est soumis à cette loi primordiale de la nature, qui forma d'un seul coup, et une fois pour toujours, tous les êtres de l'univers. Ainsi, les couleurs ne s'engendrent point à chaque instant, comme on le croyait jadis; il ne faut pour les développer du sein de la lumière où elles sont contenues, que telle ou telle condition enseignée par la physique.

Malgré toute la richesse que la nature montre, malgré la magnificence qu'elle déploie dans ses effets nombreux et divers, il semble qu'elle a eu un but d'épargne et d'économie dans toutes ses opérations. Elle a commencé par former ses embrions, comme autant de conservateurs qui doivent, dans tous les tems, remplacer ceux qui obéissent à la loi de la destruction, et maintenir ainsi dans l'univers, cet aspect d'ordre qu'il eut à sa création: elle a fait de la lumière, l'embrion, la mine des couleurs produites en un instant, pour être toujours belles et immuables, douées de la faculté de se séparer et de se montrer à nos yeux lorsqu'il le faut. C'est ainsi que le Grand-Être se dévoile aux hommes par des œuvres admirables, qu'il nous montre l'empreinte de sa puissance dans tous les effets que nous observons. Cependant cette aptitude que les rayons ont à se séparer, nous est quelquefois nuisible dans les observations astronomiques. Je t'ai dit que les rayons parallèles, ou dérivant du même point, sont réunis en un autre point lorsqu'ils sont reçus par une lentille. Mais mon assertion n'était point juste; car les rayons sortant de la lentille, forment un cercle, de manière qu'il y a un intervalle entre chaque point de l'objet que la lentille rassemble sur le carton derrière elle. Ces intervalles, quoique très-petits, s'enchâssent l'un dans l'autre; de sorte que l'image est toujours confuse comme une miniature qui n'est point finie. Je t'ai peint les verres lenticulaires, comme les poëtes représentent les hommes, non comme ils sont, mais comme on voudrait qu'ils fussent. Ce petit espace ou cercle, qui se nomme *aberration* de la lumière, vient de la séparation des rayons, opérée par la réfraction. On a cru que la forme des verres convexo-convexes y avait part. Je ne déciderai point la question; mais je pense que l'on ne parviendra jamais à empêcher que le feu des rayons verts diffère de celui des rayons violets. Ainsi cette propriété indestructible de réfrangibilité diverse, inhérente aux rayons lumineux, s'opposera toujours à la netteté des images rendues par les lentilles, et conséquemment à la précision des observations astronomiques. Qu'y faire ? me diras tu. Si l'image des corps célestes n'est pas bien distincte dans le télescope, à cause de la séparation des couleurs, l'aspect de la terre en est plus beau. Chaque chose a sa compensation, et la condition des opérations humaines est qu'il n'y en a aucune sans défaut; et si les astronomes sont sages, ils ne desireront pas ce qu'ils ne peuvent obtenir. Cependant leurs besoins sont tellement liés avec les nôtres, qu'on pensa toujours à satisfaire leurs desirs. Avant qu'on découvrît les propriétés de la lumière, les plus grands génies, (et parmi eux se trouvait Descartes), s'occupèrent à perfectionner les télescopes, en donnant des formes nouvelles aux verres lenticulaires, afin qu'ils réunissent les objets sur un seul point, et que la peinture en fût claire et distincte. Mais leurs efforts furent inutiles: Newton démontra la fausseté de leurs idées, et inventa un télescope qui satisfit pleinement les besoins de l'astronomie. On voit en Angleterre le premier instrument de cette espèce, travaillé de ses propres mains, et conservé par les héritiers de ce grand homme, avec les prismes dont il anatomisa la lumière, et qui lui servirent à y voir ces phénomènes qui la rendent encore plus belle. La lentille principale dans les télescopes ordinaires, est la plus nuisible par l'aberration de la lumière. Elle est remplacée dans celui de Newton, par un miroir de métal concave ; et on obtient de celui-ci, par réflexion, ce qu'on obtenait de l'autre par réfraction. Le miroir concave rassemble les rayons comme la lentille; mais par la réflexion, les rayons remontent avec l'obliquité avec laquelle ils sont tombés; les couleurs ne se séparent point, et l'image est nette. Un télescope newtonien de deux pieds, produit l'effet d'une lunette ordinaire de plusieurs. Cependant cet admirable instrument avait plusieurs défauts qui ont été corrigés par *Grégory*, par *Herschel*, etc. Newton rendit encore d'autres services à l'astronomie, et sauva sa réputation aux yeux du vulgaire: tu sais que l'honneur de cette science consiste principalement à prédire les éclipses, qui sont des événemens sensibles aux yeux du peuple comme à ceux des savans.

Thalès, milésien, un des plus grands astronomes de l'antiquité, fut considéré comme un dieu, pour avoir vaguement prédit une éclipse du soleil; c'est-à-dire que la lune se mettant entre la terre et lui, devait en intercepter les rayons. L'astronomie s'étant perfectionnée depuis ce laps de tems, ce fait qui fit admirer Thalès, serait peut-être déshonorant pour nos plus faibles astronomes. On exige maintenant de l'Observatoire, le jour, l'heure, la minute, où l'éclipse doit avoir lieu, sa juste quantité, c'est-à-dire, si la lune obscurcira tout le soleil, et sa durée. En 1706 et 1715, les plus fameux astronomes prédisirent une éclipse totale du soleil. D'après leurs computations, la lampe du monde devait s'obscurcir, et la nuit devait se montrer au milieu du jour. Cette obscurité prédite, attendue, fut cependant une cause de crainte pour l'homme, qui, comme je l'ai dit souvent, est un animal qui, malgré sa courte existence, ose nourrir dans son cœur les plus longues espérances, qui reçoit dans son esprit le vrai comme le faux, qui, pouvant entreprendre au-delà de ses forces, tremble cependant à la honte de sa raison. Tous eurent, pendant le jour prédit, les yeux levés vers le ciel, tous attendaient, dans le plein de l'éclipse, la privation de la lumière et l'extinction du soleil : mais il n'en fut pas ainsi, car la lune qui le cachait, fut entourée d'un anneau lumineux : de la crainte, on passa à l'étonnement. Peu de tems après on observa la même chose dans une autre éclipse ; on tint des discours nombreux sur cette étrange nouveauté. Dès le commencement, l'étonnement fut universel, bientôt on railla, on critiqua les astronomes, qui, piqués au vif, s'efforcèrent de donner raison de la cause de ce phénomène. Ils parlèrent tous, et nul d'eux raisonnablement. Tu sens que l'astronomie perdit beaucoup à ne point expliquer cet anneau lumineux qui s'était montré en dépit des computations. Le peuple pardonne facilement un astrologue qui le trompe en flattant ses passions ; mais il est naturel qu'à la moindre erreur d'un astronome, il se moque de la science, comme pour se venger de sa propre ignorance.

Mais Newton opposa le bouclier de son génie à la médisance des sots, et il les força d'avouer qu'il portait le flambeau de la raison. Il démontra que les rayons de lumière qui rasent un corps, s'infléchissent vers lui, et entrent dans son ombre, et en voici la preuve: Si on présente la lame d'un couteau à un faisceau de lumière introduit dans la chambre obscure, ses rayons se plient plus ou moins vers la partie du couteau qui les avoisine le plus, en raison de leur éloignement. Cet effet est nommé *diffraction*, ou inflexion de la lumière. Grimaldi s'en apperçut en 1660: Newton l'authentica ensuite par les meilleures expériences. C'est par la diffraction, ou inflexion de la lumière, qu'on explique l'anneau lumineux vu autour de la lune. Tu sens que les rayons du soleil qui passaient près des bords de la lune, devaient s'infléchir, et entrer dans l'ombre qu'elle jetait sur la terre. Newton le démontra en plaçant devant le soleil, des globes assez éloignés pour le couvrir et l'éclipser aux yeux de celui qui l'observait; ils furent entourés du même cercle lumineux, qui, vu autour de la lune, discrédita presque l'astronomie dans l'opinion des animaux raisonnables de ce bas-monde.

L'attraction dont je ne t'ai pas encore parlé, est la cause de l'inflexion de la lumière vers les corps qu'elle avoisine. Cette force, observée de tous les tems, mais dévoilée et reconnue par Newton seul, maîtrise tout, depuis le grain de

sable

sable jusqu'aux plus vastes planètes. Les philosophes qui dédaignèrent de s'y croire nouveaux, dirent que l'attraction était précisément la même chose que les qualités *occultes* des péripathéticiens, et que cette nouvelle loi semblait remettre sur le trône ce philosophe inintelligible et énigmatique, dont on devait pour toujours rejeter les fausses théories. Mais bien loin de la confondre parmi ces noms vides de sens, la vertu attractive est réellement une loi primordiale de la matière qui se manifeste à nos yeux dans l'examen de tous les phénomènes de la nature, depuis celle qui constitue le mécanisme de l'univers, et à laquelle obéissent les astres errans suspendus dans l'espace, jusqu'aux affinités observées dans le laboratoire du chimiste. Sa cause nous est inconnue; il serait même insensé d'en tenter la recherche. Je prévois combien tu éprouveras de difficulté à te persuader qu'il transpire, pour ainsi dire, des corps, une telle vertu qui les rapproche au point qu'ils se réuniraient intimement, si on détruisait les obstacles interposés. Newton s'apperçut de toute la difficulté qu'on éprouverait à admettre cette loi parmi le vulgaire des physiciens; et malgré qu'il fût bien persuadé, bien certain que les corps s'attachent sans l'intervention d'aucune puissance extérieure, il se mit à la portée de tous, en disant que l'attraction n'était peut-être qu'un effet de l'impulsion généralement donnée à tous les êtres, par la volonté d'un être supérieur. C'est ainsi que

Newton déguisait ou voilait les grandes vérités, imitant ces auteurs qui mêlent quelques épisodes romanesques à des histoires vraies, afin de les faire lire. Nous voyons tous les jours les corps obéir aux lois du mouvement, mais rarement à l'attraction, et c'est pour cela qu'elle nous étonne. Pour comprendre parfaitement comment un corps qui en rencontre un autre, lui communique son mouvement, il faut nous convaincre d'avance que c'est un effet de la nature qui le force à faire ainsi et non autrement. Nos connaissances certaines sur l'essence des corps, se bornent à l'étendue et à l'impénétrabilité; parce que nous voyons l'étendue et l'impénétrabilité se trouver dans tous les corps et de la même manière, tandis qu'il n'en est pas ainsi de leurs autres qualités. Il est impossible d'expliquer pourquoi une chose étendue et impénétrable, se rencontrant avec une autre qui lui ressemble, lui communique de son mouvement plutôt que de le perdre. L'observation nous a dévoilé l'effet du mouvement, mais nous ignorerions toujours pourquoi il passe d'un corps dans un autre; c'est un mystère aussi inexplicable que le mouvement de la main ou du pied, à la volonté de l'ame.

Nous ignorons de même les causes de l'attraction, quoique tous les philosophes soient certains que les corps voisins ou éloignés s'attractent réciproquement.

Cette attraction, qui est un des plus grands

ressorts de la nature, est démontrée par tous les savans, et les expériences faites à ce sujet sont innombrables. Mais elle se déploie sur-tout dans les phénomènes célestes qui l'ont racontée à Newton, et celui-ci aux hommes.

Je m'efforcerai de te la prouver dans mes prochaines lettres ; je regrette de ne pouvoir te l'enseigner avec le cortége de ces démonstrations géométriques qui la protègent et la rendent victorieuse de l'incrédulité.

Mais si tu ne peux la saisir comme un mathématicien, tu feras comme ces amateurs de peinture, qui, ne pouvant avoir le tableau d'un grand maître, se contentent de la gravure. Adieu.

LETTRE DIXIÈME.

De l'attraction et de ses lois.

NOUS avons tous les jours devant nos yeux un effet dont la cause est ignorée, et qui donna à Newton l'idée de l'attraction. Cet effet est cette force qui attire vers la terre tous les corps qui sont dans sa sphère d'activité, et que les physiciens nomment *gravitation*, *pesanteur*. Galilée en donna les premières lois, et le philosophe anglais dont je te développe le système, découvrit que tous les corps de l'univers gravitaient les uns vers les autres; que cette force qui détachait une pomme, qui empêchait une pierre lancée de parcourir le chemin qu'elle a commencé en vertu de l'impulsion, était la même que celle qui attirait toutes les planètes vers un centre commun qui est le soleil. Il se garda bien de chercher la cause de la gravité, d'après l'opinion de Descartes, qui pensait qu'elle était due à la rotation du tourbillon qui entoure la terre, ni dans l'impulsion du fluide subtil dont il est composé, qui, tendant sans cesse à s'éloigner et à occuper les parties plus élevées, chasse vers le bas tous les corps qui nagent au milieu de lui. En adoptant cette théorie, la gravité devrait être en raison des superficies, et non en raison de la matière que les corps contiennent. Il est bien évident que plus les parties extérieures présentées à ce fluide seraient nombreuses, plùs son action serait forte. Mais l'expérience nous enseigne le contraire. Une feuille d'or très-mince et très-étendue, pèse comparativement moins, et tombe plus lentement qu'une balle de plomb: or il est certain que les superficies ne peuvent servir à donner raison de la gravité. Nous devons considérer cette force comme pénétrant toutes les molécules des corps, et les attirant vers le centre de la terre, d'où elle agit sur toutes les matières qui sont dans sa sphère d'activité, comme elle obéit elle-même à la grande attraction du soleil vers lequel elle gravite. L'attraction terrestre se propage assez haut dans les régions de l'air, sans l'affaiblir: tu ne répugneras pas à croire qu'elle peut s'étendre plus haut encore, et parvenir à quatre-vingt cinq mille trois cent quatre-vingt dix-huit lieues, qui sont la mesure de la distance de la lune à la terre; et si elle parvient jusque-là, pourquoi refuserais-tu de croire que c'est la force qui la retient dans son orbite, et la contraint de tourner autour de la terre? Je t'ai dit que chaque corps qui obéit à un mouvement circulaire, tend, comme le caillou de la fronde, à s'éloigner de son centre, et à s'échapper par la tangente du cercle qu'il parcourt, et il ne tourne qu'en vertu d'une force qui le freine, et le retient uni à ce centre. Newton, fixé dans cette idée, prit la géométrie pour guide, et trouva qu'un corps en mouvement étant attiré vers un centre, devait parcourir autour de ce centre des cercles proportionnels au tems. Je te vois d'ici, te mordant les doigts, dire d'un air boudeur : J'ai suivi Newton jusqu'à présent, mais je le perds de vue s'il s'embarque dans la géométrie. Rassure-toi, mon cher Ariste, nous le suivrons si tu te reposes avec confiance sur l'amitié qui te guide, et si tu surmontes les difficultés par le desir de savoir. Supposons un corps tournant autour d'un autre qui est le centre de son mouvement ; persuadons-nous qu'il ne décrit pas autour de lui un cercle parfaitement rond, mais un peu *bislong*; de sorte que ce centre ne soit pas au milieu du cercle, mais un peu de côté. Marquons maintenant idéalement le lieu où se trouve en ce moment le corps tournant ; de ce lieu tirons une ligne jusqu'au centre ; tirons-en une autre du centre au lieu où il sera deux heures après. Cet espace triangulaire, compris entre les deux lignes et la portion de cercle que le corps parcourt, se nomme *aire*; et ces aires formées par le corps qui tourne en des tems inégaux, doivent aussi être inégales entr'elles. Ce corps se meut avec plus ou moins de vîtesse, et ne parcourt point, dans des tems égaux, des portions égales de son orbite ; mais deux portions telles que les aires, formées de la manière que nous avons dit, s'égaleront entr'elles. Képler posa ces lois sur le mouvement des planètes, et annonça le premier que les aires *sont proportionnelles aux tems*. Il serait trop long de m'étendre sur ce sujet très-abstrait, très-difficile pour toi; mais lorsque nous aurons le plaisir de nous voir, nous lirons ensemble les ouvrages de ce grand physicien qui prépara Newton à poser, cinquante ans après lui, ces lois de l'attraction universelle. Newton trouva qu'un corps parcourant autour d'un centre des aires proportionnelles aux tems, était attiré vers ce centre. La lune parcourt autour de la terre des aires proportionnelles aux tems, et toutes les autres planètes accomplissent les mêmes lois autour du soleil.

La lune gravite vers la terre en vertu d'une force inconnue qui fait graviter de même ces corps qui nous environnent, qui nous échappent des mains. Envain voudrait-on attribuer cet effet à l'impulsion d'un fluide : Newton et d'autres savans ont prouvé que les astres errans accomplissaient leurs révolutions dans ces vastes solitudes du vide où rien n'empêche, ne ralentit leur mouvement : poussés en ligne droite par le Créateur, ils auraient suivi leur direction rectiligne, s'ils n'avaient senti dans leur route l'attraction irrésistible du vaste corps du soleil qui, comme sur un trône, est presque immobile au milieu de l'espace. Il les fit décliner de leur chemin droit, et les força à décrire autour de lui une ligne courbe, que Newton a rigoureusement démontré devoir être une ellipse. La plus grande de toutes les orbites, et qui renferme toutes les planètes connues jusqu'à ce jour, est décrite par *Herschel* en quatre-vingts ans et plus, la seconde par *Saturne*, en vingt-neuf ans cent cinquante-cinq jours; après lui viennent *Jupiter*, *Mars*, la *Terre*, *Vénus* et *Mercure* qui, pénétrées de l'attraction du soleil, dansent en divers ronds autour de lui, comme l'a dit Milton dans son *Paradis perdu*, prophétisant presque aux hommes les lois harmonieuses de la nature que Newton nous enseigna. Les comètes qui se meuvent dans des orbites ou ellipses, sont excentriques, obéissent à ces mêmes lois, et se montrent aussi dociles à Newton qu'elles furent rebelles à Descartes. La force d'attraction fait tourner aussi les planètes secondaires autour des principales; la terre en a une, Jupiter quatre, Saturne sept, Herschel six. Le grand phénomène de la rotation des planètes se réduit, comme tu vois, au mouvement d'un caillou qu'on jette avec la main, et qui suivrait la ligne droite que l'impulsion lui donne, si la force centripète l'attirant vers la terre, ne le faisait dévier par une ligne courbe. Si nous pouvions lancer un corps quelconque qui, déviant par la courbe, ne rencontrât point la terre, nous aurions une autre lune. Admire avec moi ces moyens si simples que la nature emploie; une même cause, une même force gouverne les mouvemens d'Herschel et fait tomber une pomme. Cette force investit tout, elle est, si j'ose m'exprimer ainsi, la souveraine régulatrice de l'univers.

Lorsque Newton eut découvert la force attrac-

tive

tive du soleil, en se servant de la loi de Képler, que chaque planète parcourt des aires proportionnelles aux temps, en décrivant son orbite autour du soleil; il découvrit aussi que la force d'attraction diminuait dans les planètes plus éloignées du soleil, et plus lentes dans leurs révolutions, et observant que cette lenteur était toujours dans une certaine proportion entre les distances et les tems, il dit: que la force attractive s'affaiblit, non de tout ce qui s'accroît de la distance du soleil, mais du quarré du nombre exprimant le soleil, ce qui s'appelle la raison *inverse du quarré des distances*. Ah! dis-tu, nous rentrons dans le bois. Courage, mon ami, nous surmonterons encore cette difficulté. Pour comprendre cette énigme géométrique, sache que le quarré d'un nombre est ce nombre multiplié par lui-même. Par exemple, quatre est le quarré de deux, parce que deux et deux, quatre, neuf est le quarré de 3 3 9, et ainsi de suite.

Posons la distance de la terre au soleil, prenons en même temps celle de Jupiter, que l'une soit cinq fois plus grande que l'autre, tu verras de combien la force attractive du soleil est affaiblie à la distance de Jupiter, en comparaison de la force du soleil à la distance de la terre. Or il est clair que la force attractive du soleil est d'autant moins forte que le quarré de la distance est plus grand. Le quarré d'un, que nous prenons pour distance du soleil à la terre, est un la distance est un, la force sera pareillement un; le quarré de cinq est vingt-cinq; ainsi la force attractive du soleil pour Jupiter, est vingt-cinq fois moindre que pour la terre. La même loi qui affaiblit l'attraction, diminue la chaleur et la lumière. Suivant la règle que nous venons d'établir, la lumière et la chaleur sont vingt-cinq fois moindres pour Jupiter que pour la terre ; de sorte que, transportées dans Jupiter pendant leurs plus brûlans étés, nous y mourrions de froid, tandis qu'un *Jupitercole* habitant la terre pendant nos plus froids hivers, suerait à grosses gouttes, et mourrait indubitablement ; il ne pourrait supporter l'éclat de nos jours, et serait obligé de rester avec ces personnes aimables qui ne vivent que pour la nuit. Je veux t'indiquer une expérience décisive et facile pour t'assurer de la manière dont la lumière diminue à diverses distances. Ne garde ce soir dans ta chambre qu'une bougie allumée, éloigne-toi assez pour lire avec peine les caractères d'une lettre (pourvu cependant que ce ne soit point une de ces lettres qu'on lit à toutes les lumières) ; si tu t'éloignes à une distance double, il ne suffira point de doubler la lumière en allumant une autre bougie, mais il faudra en allumer quatre, afin que tu lises comme avec une, ce qui fait justement le quarré de deux. Si, pour obtenir le même effet, il faut doubler la lumière proportionnellement au quarré de la distance, il est évident que la lumière perd sa vertu, sa force, en s'éloignant du point de départ. Cette règle peut s'appliquer à bien des choses. Le quarré de huit, par exemple, est soixante-quatre ;

juge maintenant combien, après huit jours d'absence, le tendre feu qui enflamme les amans réunis, doit avoir perdu de sa force. Cependant ne généralisons pas cette règle, et ne forçons pas les romanciers à se liguer contre moi.

La force du soleil diminue suivant que les quarrés des distances augmentent. Il en est de même pour la force attractive de la terre. Les mathématiciens astronomes le démontrent avec précision, par l'observation des lunes ou satellites d'Herschel, Jupiter et Saturne : ils ont vu que la proportion observée par les planètes entre les distances et les temps, pour accomplir leurs révolutions autour du soleil, l'est aussi par leurs satellites, et ils concluent avec raison, que l'attraction des planètes pour leurs satellites, diminue dans la même proportion que celle du soleil. On n'a pu se servir du même moyen pour la terre, qui n'a pas plusieurs lunes, afin de comparer leurs révolutions avec leur distance de la terre. Je t'ai dit que le système newtonien n'admettait point les probabilités ; il fallut donc en venir à la démonstration par un autre moyen ; et ce fut en comparant, avec le mouvement de la lune, ceux des graves tombant sur la terre. Les newtoniens nous assurent (et on peut s'en rapporter à eux), que si jamais la lune tombait sur la terre elle y serait attirée par une force trois mille six cents fois plus grande que celle qui attire nos poids plus pesans. La lune est à soixante demi-diamètres du centre de la terre, ou soixante de ces mesures dont les corps ne sont éloignés que d'une, et le quarré de soixante est trois mille six cents : cette demonstration est claire et précise, et si j'avais le malheur d'en douter, je préférerais encore que la lune restât où elle est, que de la voir tomber sur nous pour donner la dernière main aux observations newtoniennes.

Si cependant elle tombait, quelle belle occasion pour les philosophes ! ils pourraient se promener à leur gré sur ces monts, descendre dans ces vallons, sonder ces volcans, naviguer sur la *mer des humeurs* qu'ils voient avec leurs télescopes. Des courtisans, des amans, des politiques, des prêtres, des femmes charmantes pourraient, sans courir les risques du voyage d'Astolphe, reprendre leur bon sens qui les abandonna. Mais un phénomène plus curieux frapperait nos regards : la terre n'attendrait pas la lune, elle irait à sa rencontre ; un plaisant dirait, peut-être diras-tu toi même, comment? au devant ? avez-vous donc copie du traité fait entre les planètes, afin que lorsqu'une d'elles irà vers l'autre, celle-ci s'ébranle et s'avance vers elle comme pour lui faire accueil ? Si ce traité existait, il serait bien garanti par l'attraction réciproque des planètes : nous en avons un exemple, en mettant dans un vase plein d'eau deux morceaux de liége, dont un porte de l'aimant, et l'autre du fer : le fer et l'aimant se cherchent réciproquement, et si l'on retient l'un ou l'autre, celui qui est libre s'approche vers celui qui est arrêté. Le succin qui a la propriété d'attirer les corps légers, s'avance aussi vers eux, et les suit dans leurs mouvemens. Ces exemples nous conduisent à une conclusion qui finira ma lettre.

Le soleil attire les planètes, elles attirent le soleil, ainsi que les planètes secondaires, qui attractent les principales. Tu vois que cette attraction générale, dont nous ignorons la cause, mais qui n'en existe pas moins, est dans tous les corps de l'univers qui agissent ainsi réciproquement les uns sur les autres.

Médite ces sublimes vérités, et pense en même tems à ton ami.

LETTRE ONZIÈME.

Suite de l'attraction.

Ces lois que le génie des Newton, des Képler nous a dévoilées, ont des droits à notre admiration, non moins qu'à notre étonnement. L'attraction, comme je te l'ai dit, est par-tout où se trouve la matière; elle franchit les vastes déserts du vide, avec une force subordonnée à la règle démontrée dans ma précédente; car tu dois te rappeler que je t'ai fait voir clairement que ces espaces épouvantables pour l'imagination, ces espaces qui séparent les mondes, n'offrent rien qui puisse résister à leur libre cours. Cependant les satellites d'Herschel, qui obéissent à leur attraction mutuelle, sont subordonnés à celle de leur planète principale, qui est elle-même enchaînée à la grande attraction du soleil. Ton objection est naturelle à tous les commençans: tous demandent pourquoi ces attractions qui se croisent, ne se combattent point et ne nuisent pas à l'harmonie universelle. Lorsque les vérités physiques sont plus claires pour nous, lorsque nous les avons inculquées dans notre esprit, nous voyons facilement que ces attractions diverses sont soumises à des lois sévères qu'on ne doit pas appréhender de leur voir transgresser. L'attraction des planètes est proportionnelle à leur masse, et tu sais qu'elle s'affaiblit par l'éloignement en raison inverse du quarré de la distance. Leur mouvement les rapprochant plus ou moins, l'effet de leur attraction réciproque est varié. L'irrégularité de leurs mouvemens, qui résulte de ces causes, n'échappa point à Newton qui, toujours armé de la plus subtile géométrie, sut les assujettir au calcul, et en assigner les moindres effets. En supposant que toutes les planètes fussent réunies d'un seul côté, il semble qu'on pourrait craindre la désorganisation du système céleste, parce qu'elles attaqueraient le soleil avec toutes leurs attractions réunies. Cette supposition peu examinée, nous présente une conspiration terrible qui devrait nous faire craindre pour l'immobile majesté du soleil, qui serait peut-être renversé de son trône, et cesserait d'être le roi des planètes. Mais la réflexion nous fait voir que la masse du soleil surpasse celle de toutes les planètes; nous voyons encore qu'il est avoisiné par les plus petites, et qu'il peut être certain qu'aucun de leurs efforts ne détruira sa puissance. Il est démontré que leurs forces réunies ne pourraient tout au plus l'émouvoir que d'un seul de ses diamètres : semblable au Jupiter d'Homère qui défie tous les dieux, il est ferme, immobile, tenant un bout de la chaîne d'or, tandis qu'à l'autre bout tous les immortels, conjurés contre lui, s'efforcent envain de la lui arracher : image sublime et grande, dont ce poëte antique *ombra*, pour ainsi dire, l'harmonie et l'ordre que les plus profonds philosophes reconnaissent dans l'univers.

De tous les corps célestes, la lune est le plus sujet aux désordres et à l'irrégularité, ce qui vient principalement de sa situation: fortement attractée par la terre, elle l'est aussi par le soleil, plus ou moins, suivant la position où elle est relativement à lui, en accomplissant sa révolution autour de nous. C'est à ces causes que nous devons attribuer la célérité ou le retard de sa marche; ses mouvemens subordonnés au changement de la figure ou position de son orbite, fatiguent les astronomes qui ne peuvent en connaître la cause. Newton réduisit ces mouvemens avec beaucoup de précision; il démontra que des désordres momentanés de la lune, résultait l'ordre dans d'autres instans. Il peut seul se vanter d'avoir mis le frein des computations à cette planète licencieuse.

Le système de l'attraction trouva en France un autre Mariotte; on s'attacha à démontrer que la lune récalcitrait aux calculs newtoniens. On ne disputait pas du fait, mais de la raison du fait même: on cherchait des lois nouvelles; on disait hautement que le système du philosophe anglais ne s'adaptant point à tous les phénomènes, il fallait y mettre la main pour le corriger: corriger, ou rejeter un système, sont deux mots équivalens. On crut alors l'attraction en danger: car un des paladinsde la géométrie, un partisan de Newton, semblable

semblable à un *Labienus* qui, pour la justice de la cause, abandonna le parti de César, entra dans la lice, et attaqua celui dont il avait été le sectateur. L'Angleterre resta neutre dans cette dispute; elle avait mis en avant la négligence de Mariotte; fière de sa bonne cause, elle se tut sur l'attraction, et elle vainquit sans combattre. Le philosophe français revit ses calculs, vit qu'ils étaient erronés, et il avoua avec noblesse qu'il était vaincu. Suivant les lois de l'attraction, soumises à un examen scrupuleux, la lune devait alors accomplir son mouvement; elle l'accomplit et fortifia le parti de Newton: bientôt après, Jupiter et Saturne se troublèrent réciproquement dans leurs mouvemens, comme Newton l'avait annoncé. Ce sont deux grosses planètes qui, en raison de leur masse, doivent dans leur rapprochement ou conjonction (quoiqu'il y ait plusieurs millions de lieues entre elles), opérer sensiblement l'une sur l'autre. Tu dois te figurer, mon ami, quelle fut l'attente de ceux à qui il importe de savoir des faits aussi éloignés de nous. Tous les yeux scientifiques fixèrent le ciel, et furent aux aguets pour observer si ce dérangement avait lieu ou non, puisqu'il devait être le motif d'acceptation ou de proscription du nouveau système. Ce dérangement fut tel que ceux qui avaient fait des paris contre cette attraction, furent obligés de se rendre à l'évidence qui combat toujours l'incrédulité. Ainsi, ce n'est point à tort que je t'ai dit que l'attraction se manifeste sur-tout dans les corps célestes qui l'ont raconté à Newton, et celui-ci aux nations. Elle domine dans chaque point de l'univers, chaque mouvement des planètes en prouve à tout instant l'existence, et en expose les propriétés et les lois. Il semble vraiment que son règne est dans le ciel, et qu'il se borne même là, car elle ne se manifeste pas sur la terre, lorsqu'il me semble qu'elle le devrait... N'est-ce pas ton opinion? c'était du moins la mienne, avant d'être initié aux grandes vérités philosophiques. Comment se fait-il, disais-je, qu'un atome, qu'un petit corps, une plume, par exemple, qui passe près d'une grande tour dont l'attraction doit être grande, comment se fait-il, dis-je, que la plume, vaincue par l'attraction, ne s'unisse pas à ce grand corps? On me répondit: Pourquoi tout sentiment cédait-il à l'amour de la patrie dans le cœur d'un Romain? Pourquoi cèdent-ils tous au sentiment de plaire, dans celui d'une jeune femme? Pourquoi n'entend-on point les faibles cris des insectes nocturnes, lorsque les eaux agitées par les vents, se brisent sur le rivage avec fracas? Je comprends vos figures, répondis-je, l'attraction de la terre est victorieuse de toutes, et fait des autres

Quel che fa il di, delle minore stelle.

Elle envahit la plume avec tant de force, qu'elle ne lui permet pas de sentir l'attraction d'aucun autre corps. Je te répète que la vertu attractive égale la matière que les corps renferment; or, quelle comparaison y a t-il d'une tour à la masse de la terre ? Sois certain que l'attraction, non d'une tour, mais d'une montagne, fût elle semblable à celle que l'Arioste faisait monter jusqu'au ciel, est insensible et anéantie par celle de la terre. (L'expérience a cependant démontré le contraire, comme nous le verrons plus loin) Mais l'attraction se déploie singulièrement aux yeux de tous, dans le phénomène du flux et reflux de la mer. Les philosophes en firent sans cesse l'objet de leurs spéculations. Les opinions diffèrent à ce sujet comme sur tant d'autres. Il est des esprits systématiques, qui, jaloux de se faire un nom, s'efforcent d'introduire leurs opinions et de chasser les anciennes: qu'ils aient raison ou non, il faut les croire, et il semble que l'Eternel leur confia le motif de sa volonté.

Parmi ces diverses théories, celle des Chinois mérite notre attention, car elle est très-singulière. La plus cruelle guerre, disent-ils, existe entre deux grands peuples, frères d'origine; l'un habitant des monts, et l'autre de la mer. Ils combattent tous les jours, mais le sort des armes varie : tantôt, c'est le peuple de la mer qui remporte la victoire ; alors les flots inondent la terre ; tantôt, c'est celui des montagnes, et les vagues accumulées se retirent en mugissant. Voilà pourquoi la mer baisse et monte successivement.

Tu vois que nous sommes trop polis envers cette nation, dont nous avons jadis envié la porcelaine, et dont nous louons sans cesse les mœurs et les talens. Mais voilà le prix de l'éloignement : tel ne doit sa réputation qu'au pays inconnu qu'il habite, tel autre la doit aux siècles qui ont passé sur sa tombe.

Cependant la manière dont plusieurs philosophes ont expliqué le flux et reflux, ne vaut guéres mieux que celle des enfans de Foki. Les uns l'expliquent par l'absorption incommensurable d'eau, par les cavernes de l'Océan, qui la rejette ensuite; d'autres, à la respiration du corps de la terre, faite de six en six heures; d'autres, à la fonte des glaces polaires, etc. Les meilleurs observateurs s'apperçurent qu'il existait une certaine amitié, une correspondance entre les mouvemens de la lune et le flux de la mer : quelques-uns tentèrent vainement de l'expliquer; il etait réservé à Newton de démontrer comment la lune en avait pour ain-dire le gouvernement et la tutelle. La lune étant soumise à l'attraction de notre globe, et exerçant la sienne sur lui, on doit en avoir quelque signe dans la partie fluide et *cédible* qui entoure la terre. Ainsi les eaux marines, obéissant à l'attraction lunaire, doivent s'élever comme elles font.

Mais je renvoie à une autre lettre la suite de ce fait important. Adieu.

LETTRE DOUZIÈME.

Suite de l'attraction du flux et reflux.

L'ATTRACTION se manifeste à nos regards de plusieurs manières : la machine électrique attire les corps légers qui sont dans sa sphère d'activité. La cire d'Espagne, l'ambre jaune ou succin, auquel les anciens philosophes donnèrent le nom *d'électrum*, acquièrent par l'attraction, la propriété d'attracter le papier, les plumes, le fil, etc : le succin a surtout celle d'attirer l'eau à une petite distance. On pourrait, je crois, représenter ainsi en partie les effets de la lune sur les eaux marines. Car lorsqu'on présente un morceau d'ambre jaune frotté, à une petite quantité d'eau, le fluide s'elève vers lui et semble le suivre et le chercher dans tous ses mouvemens. De même, les eaux de la mer suivent la route que la lune tient dans le ciel. La lune attire vers elle la partie de la mer sur laquelle elle se trouve ; tandisque l'autre qui est opposée à celle qui est la plus attractée, s'enfle aussi parce qu'elle est plus legère : du moment où l'attraction ne la retient plus dans ses limites, elle tend à s'échapper par la force centrifuge. Ces deux rehaussemens opposés donnent à la surface de l'Océan une figure ovale qui doit suivre le mouvement diurne de la lune, et changer comme elle de position. Telle est la cause des marées, soupçonnée par Képler dans son *Introd. ad Théor. mar.*, et démontrée par les calculs newtoniens. C'est par la force de l'attraction lunaire, que nous voyons tous les jours que la mer, *Cuopre e discuopre i liti sensa posa.*

Dans les endroits où le rivage est uni, la mer se retire de quelques lieues et les inonde ensuite lorsqu'elle retourne avec fureur : Ce phénomène est tel, qu'à deux heures de différence on peut aller en voiture, et en bateau dans le même endroit. La Méditerranée n'a point de marée sensible; les raisons qu'on en donne me semblent toutes insuffisantes. J'avais commencé à réunir quelques idées à ce sujet, qui semblèrent plausibles à plusieurs physiciens. Je prétends que la Méditéranée n'obéit point aux attractions qui causent le flux et reflux des autres mers, parce qu'elle est enchaînée par l'action attractive des volcans ignivomes où ses eaux jouent un grand rôle. Je m'appuie d'un grand nombre d'observations soumises à un calcul rigoureux. Lorsque mon travail aura acquis toute la perfection dont il est susceptible, je le soumettrai à la critique ou à l'approbation des savans.

L'Adriatique a des marées assez sensibles. On voit dans les lagunes de Venise les petites gondoles balancées par un flux léger, tandis qu'à la clarté de la lune, le gondolier tranquille, chante, en s'accompagnant sur la guitare, les chansons de son amour, et les stances du Tasse. Les marées ressemblent à des tempêtes dans l'Océan oriental et dans la mer Pacifique, ce qui atteste la vaste étendue de ces mers où rien ne s'oppose au libre cours des eaux, et qui sont directement situées sous la lune, dont elles doivent conséquemment ressentir plus vivement l'attraction.

La lune n'a pas seule l'empire des mers: sa conjonction ou son opposition avec le soleil rend les marées plus fortes ou plus faibles. Cet astre, qu'un poëte nomma le plus grand ministre de la nature, est, suivant les plus exactes observations astronomiques, soixante millions de fois plus grand que les satellites de la terre. Newton, Cassini, Euler, ont déterminé, d'une manière précise, l'influence du soleil et de la lune sur les marées. Leurs calculs, dont on se sert encore aujourd'hui, déterminent le mois, le jour, l'heure où le flux sera plus ou moins fort.

S'il est vrai qu'Aristote se soit jeté dans la mer parce qu'il ne pouvait comprendre la cause du phénomène que nous expliquons si facilement, nous ne devons point craindre un pareil sort en ayant Newton pour guide.

L'attraction est reconnue par tous ceux qui s'adonnent aux sciences naturelles. On l'observe en médecine, en chimie, en physique, non moins que dans les grandes œuvres de la nature. Le premier des physiciens observateurs qui se déclara pour elle, fut *Musschenbroëk*, dont le témoignage fortifia le newtonianisme à son aurore. Je crois t'en avoir assez dit pour te faire comprendre la théorie des marées; tu as vu les planètes s'attracter dans leurs distances épouvantables et indéterminées. Je t'ai dit que nous l'observions dans nos cabinets entre plusieurs corps. Je m'occuperai dans ma treizième lettre, du rôle qu'elle joue dans l'optique. Adieu.

LETTRE TREIZIÈME.

Application de l'attraction à l'optique.

En vertu de cette première loi de l'attraction, que *tous les corps s'attirent réciproquement*, il est clair que la lumière est soumise à celle des corps plus denses qu'elle : la distraction et la réfraction des rayons lumineux provient de ce que les milieux par où ils passent, sont plus ou moins doués de la force attractive, en raison proportionnelle à leur densité. Ils suivent la direction qu'ils ont reçue du soleil, tant qu'ils sont dans le même milieu, parce qu'ils sont également attirés de toutes parts. Mais lorsqu'ils sortent de l'air, par exemple, et qu'ils rencontrent des milieux plus attirans, comme l'eau, le cristal, ils obéissent à la plus grande force, déclinent vers le nouveau milieu, et se rapprochent plus ou moins de la perpendiculaire. S'ils passent, au contraire, du cristal dans l'air, ils sont attirés par le milieu d'où ils sortent, et par l'air ; mais comme l'attraction du cristal est la plus forte, ils s'inclinent sur lui, se jettent sur sa superficie, en s'éloignant de la perpendiculaire. C'est ainsi que Newton explique la réfraction, qui fut un sujet si difficile pour les autres philosophes. Je souhaiterais qu'il me fût permis de me servir de la géométrie, pour te montrer comment toutes les particularités de la réfraction de la lumière d'un milieu dans un autre, sont dues à l'attraction. La réfraction qui est toujours proportionnelle à la densité des milieux, est plus forte dans les pays froids que dans les pays chauds. Nous devons excepter de cette règle tous les milieux inflammables qui, quoique plus rares, plus légers que l'eau, possèdent éminemment la vertu réfractive. Un prisme, creux comme je te l'ai détaillé, réfrange la lumière avec plus de force, lorsqu'il est plein de gaz hydrogène, que lorsqu'il est plein de gaz azote, ou de gaz atmosphérique : cependant tous ces gaz ont la même apparence. L'huile, l'alkool brisent les rayons avec beaucoup plus d'énergie que les milieux qui ne sont pas aussi inflammables qu'eux ; l'eau ne possède si éminemment cette propriété, que parce qu'elle est composée de quatre-vingt-cinq parties d'hydrogène : le diamant, qui de tous les milieux est le plus réfringent, n'est composé, suivant les analyses chymiques, que de carbone qui, comme tu le sais, est une substance inflammable; cette force réfringente doit être attribuée à l'analogie de ces milieux avec le fluide lumineux. Nous connaissons beaucoup de corps phosphorescens qui ont la propriété de réfracter la lumière; nous en devons la connaissance aux savantes observations de *Beccari*, professeur de chimie, et membre de l'institut de Bologne. La patience et le génie de ce physicien sont vraiment admirables, et si tu veux partager le plaisir que j'ai eu à en lire les détails, consulte son ouvrage qui a pour titre : *De quàm plurimis phosphoris nunc primùm detectis commentarius. Bononiæ.* 1744.

Boyle découvrit le premier la qualité phosphorescente du diamant et de plusieurs pierres précieuses; ce n'est que d'après ses idées que *Beccari* et de Fay continuèrent ces recherches. Ils démontrèrent que tous les corps renfermaient dans leurs molécules, une lumière disséminée, qui n'attendait pour briller et éclairer, que le contact de la lumière extérieure. Les milieux qui possèdent la faculté attractive, en ont une autre qu'on nomme répulsive. Tel est le verre qui réfrange les rayons en les recevant, et qui les réfléchit en les repoussant. L'expérience nous a montré que la répulsion accompagne toujours l'attraction. La machine électrique attire et repousse rapidement et alternativement les corps qu'on lui présente. Le succin a de même la propriété d'attirer et de repousser les corps. Le fer actractif des naturalistes ou aimant, attire et repousse un autre aimant lorsqu'on les présente l'un à l'autre par les pôles de même nom. L'eau et les corps onctueux ne peuvent jamais s'unir. Le mercure et le fer se refusent à l'amalgame ; enfin, cette inimitié ou force de répulsion se trouve entre quantité de corps.

Elle doit être soumise aux mêmes lois que l'attraction, c'est à dire, qu'elle doit être proportionnelle aux masses.

Elle se montre souvent dans les phénomènes chimiques ; mais elle se déploie sur-tout dans le ciel. Nous en avons la certitude par ces immenses queues dont s'ornent les comètes qui ont passé trop près du soleil. Quoiqu'elles obéissent aux mêmes lois que les planètes, elles ne se meuvent point comme elles dans des orbites en ellipse, mais dans des orbites excentriques ; de sorte qu'elles se trouvent quelquefois très-près, quelquefois très loin du soleil. Lorsqu'elles s'approchent trop, la grande chaleur qui les frappe en élève une quantité de vapeurs qui occupent, sous forme de queue, des espaces immenses ; elle est quelquefois plus grande que la comète dont elle s'évapore. Celle qu'on observa en 1680, éprouva un degré de chaleur qui surpassa dix mille fois celui du fer incandescent. Son atmosphère était si considérable qu'on voyait sa tête et son noyau à l'horizon, tandis que l'extrémité de sa queue était au zénith. Sa queue occupait un espace de vingt-six millions de lieues. Malheur à nous, si dans son retour elle avait côtoyé notre terre ! touché de cet incendie, le feu l'aurait détruite, tandis qu'une seule partie de sa queue rasant notre globe, aurait causé un nouveau déluge par la grande quantité de vapeurs qu'elle aurait accumulées dans notre atmosphère. Mais passons à des sujets moins tristes, et ne joignons pas aux maux certains qui affligent l'humanité, les tourmens de l'incertitude.

On doit considérer dans un même corps deux forces, qui sont l'attraction et la répulsion : elles sont toutes nécessaires à l'ordre que nous admirons dans l'universalité des choses. Si la force attractive dominait seule sans être retenue et contrariée par une autre, tout se confondrait bientôt; bientôt on verrait ce chaos que la puissance de l'Éternel débrouilla, le système solaire s'anéantirait, parce que l'attraction du plus grand corps attirerait tous les autres. Ainsi, de cette discordance apparente, résulte l'ordre et la forme des mondes. Quoiqu'il en soit de cette spéculation, il te semblera étonnant qu'un corps s'arroge au même instant le privilége de l'homme, de vouloir et ne vouloir pas. Combien ton étonnement augmentera, lorsque tu sauras que ces deux forces qui semblent contraires, tiennent à la même cause diversement déployée. Oui, la répulsion et l'attraction sont deux sœurs qui sont toujours ensemble, et si l'une montre plus ou moins d'activité, l'autre se comporte de même. Tant que les rayons parcourent un même milieu, ils ne sont ni réfractés ni réfléchis, mais aux confins de deux milieux différens en densité, nous appercevons la réfraction et la réflexion. Tu sais que la surface d'un miroir rend mieux l'image d'un objet que la surface de l'eau. Les rayons plus réfrangibles sont aussi les plus réflexibles. Ainsi, la finesse des molécules des corps qui réfléchissent les rayons bleus, ne peut servir pour la réflexion des rouges. Il serait plus naturel d'attribuer la cause de la réflexion à la chute de la lumière, plutôt que de la nicher dans la force répulsive. Mais malheur à nous, malheur aux belles, sur-tout, car si cela était ainsi, nous n'aurions plus de miroirs. Afin que ton image se peigne dans une glace, il faut, comme tu le sais, que les rayons qui de ta figure vont à elle, reviennent à ton œil avec le même ordre, et sans que la réflexion les altère ou les trouble. Si les rayons étaient réfléchis par les parties qui composent le miroir, il est clair que, pour avoir une image nette, il faudrait que la surface du miroir fût égale et polie, au lieu d'être composée de parties raboteuses, ou de plans diversement inclinés qui réfléchiraient les rayons en les éparpillant à l'infini, de sorte qu'on ne pourrait voir l'image des objets à cause de sa confusion. Lorsqu'on examine un miroir au microscope, on voit qu'il est formé de molécules inégales, que sa surface est raboteuse, comme celle des eaux ridées par le vent. Avec quel désordre la lumière serait réfléchie, si elle l'était par les parties du miroir, et non par une force qui se meut et qui résulte de la totalité des corps : et en comparaison de celle-ci, les petites forces des molécules qui voudraient rejeter leurs rayons, sont absolument insensibles. Ne crois pas, mon ami, que je te fais le mal plus grand qu'il n'est; car le microscope qui nous sert à apprécier l'inégalité des miroirs ne peut nous faire appercevoir la grosseur des molécules de la lumière; nous ne pouvons même appercevoir les pores des corps qui lui donnent passage. Or, juge de leur excessive petitesse, et permets-moi de les comparer à des balles de fusil près de nos plus hautes montagnes. Nous devons nous estimer heureux qu'elles soient ainsi, parce que la force des corps résulte de la quantité de matière qu'ils contiennent, ou de la vélocité avec laquelle ils se meuvent; tellement qu'un grain de plomb ne peut faire du mal que par le rapide mouvement que lui donne la poudre.

Suivant la belle découverte d'un Danois, nommé Roëmer, la lumière parcourt trente-trois millions de lieues et plus, dans un demi-quart d'heure, pour venir du soleil jusqu'à nous. Si les molécules qui la composent n'étaient fines au-delà de toute expression, la lumière, lancée du soleil avec tant de vélocité, porterait la désolation sur la terre; au lieu d'ouvrir les fleurs, de les colorer, de donner de la saveur aux végétaux, d'animer tout ce que nous voyons, elle courberait, briserait tous les corps, et détruirait en peu de temps l'organe qui nous sert à la vue.

Il est donc clairement démontré que la lumière est renvoyée des corps non après les avoir touchés, mais avant d'arriver à leur superficie : assertion vraiment étonnante! il ne suffisait pas de montrer la nullité de ce qu'avait dit Descartes sur le mouvement des planètes, sur l'origine de la lumière et des couleurs, il fallait encore le démentir sur la réflexion de la lumière, qu'il expliquait avec tant de vraisemblance. Peut-être, dira-t-on même que, comme les rayons réfléchis ne heurtent point les parties des corps, de même ceux qui nous sont transmis, ne passent point par leurs pores. Sans oser affirmer une semblable conjecture, nous pouvons dire que l'expérience nous enseigne que la quantité des pores ne fait rien à la transparence: au contraire, une feuille de papier, qui est opaque étant sèche, devient diaphane ou transparente lorsqu'on la mouille avec de l'eau ou de l'huile.

Ce qui semblerait dire: fermez les pores du papier, et vous ouvrirez un chemin à la lumière; cela vient de l'analogie de la matière introduite dans les pores du papier avec le papier même, ressemblance qui n'existait point lorsque les pores du papier étaient pleins d'air. Ainsi, les rayons passent librement des parties de l'huile ou de l'eau, dans celles du papier, comme si c'était une continuité du même milieu. Si la lumière en traversant les corps était à chaque instant réfrangée ou réfléchie à cause de la diversité de la matière, une partie des rayons rétrograderait, l'autre se perdrait, et il en passerait très-peu. C'est pour cette raison que le vin de Champagne devient opaque, c'est-à-dire, que l'air s'interpose entre ses parties en plus grande quantité. L'écume de ce vin renferme encore une vérité, une preuve certaine que l'espace immense où se meuvent les planètes est vide de toute matière, pour aussi rare, aussi fine qu'on puisse se la figurer. C'est un argument pour rendre la route du ciel plus libre et plus prompte. Malgré l'incroyable vélocité de la lumière, celle qui nous vient des étoiles met beaucoup de temps pour parvenir jusqu'à nous, à cause de leur distance incommensurable.

commensurable. Or, si la lumiere qui vient des étoiles, rencontrait dans son trajet des particules de matière nageant dans l'espace, elle s'affaiblirait, et perdrait continuellement de sa force et de sa quantité, comme la plus nombreuse, la plus florissante armée perd toujours, par de longues marches, sur-tout lorsque le chemin est mauvais; elle devrait se perdre, s'éteindre par les réfractions et les réflexions répétées qu'elle éprouverait, par les mêmes raisons qui rendent le Champagne opaque, la dissemblance des milieux. Alors nous serions privés de la vue de ces innombrables étoiles dont la lumière étincelante embellit les voiles de la nuit. Ainsi, graces à cette comparaison fournie par le vin des coteaux champenois, tu es sûr que les planètes ne trouvent aucun obstacle à leurs cours, qu'elles ne rencontrent en route que l'attraction qui les gouverne, la lumière qui les éclaire, les vivifie, et qui est si rare, si divisible, que, suivant les savans calculs de *Keil*, du docteur *Nieuwentif* etc. un pouce cube de cette matière suffirait pour éclairer l'univers pendant toute l'éternité, la lumière qui porte en tous lieux la clarté et la joie, et qui contient en elle les émeraudes, les saphirs, les rubis dont la nature colore et embellit l'univers. Newton termina ses élémens d'optique par plusieurs questions curieuses qu'il soumet à l'examen des philosophes, entr'autres: si *la différente réfrangibilité n'est pas par hasard de la différente grandeur des molécules qui composent la lumière.*

Ne dirait-on pas que les plus petits corps, les moins forts de tous, doivent être ceux que le violet nous montre, et qui, se réfrangeant plus que les autres, résistent moins à l'attraction des milieux ? Plus forts que le violet, et moins réfrangibles, se trouvent gradativement le bleu, le verd, le jaune, dont les molécules sont plus grandes, en descendant jusqu'au rouge qui, étant la couleur la plus vive et en même tems la moins réfrangible de toutes, doit avoir les plus grandes molécules. Malgré la vraisemblance de ces idées, il n'ose point les affirmer, et en les proposant sous forme de questions, il nous enseigne le rare talent de douter.

Je me suis traîné comme j'ai pu jusqu'ici; je crois t'en avoir assez dit pour te supposer quelque connaissance du système newtonien : cependant je reprendrai la plume sans peine pour dissiper tous tes doutes.

LETTRE QUATORZIEME.

Résumé et confutation de quelques hypothèses sur les couleurs.

J'AVAIS formé le plan de te parler de plusieurs théories sur la lumière et les couleurs, je suis charmé que tu en ayes conçu le desir, et que tu m'invites à t'en faire l'histoire. L'amour-propre et la vanité, que chacun déguise à sa manière, ont toujours guidé les hommes de génie ; c'est envain qu'on me dit que l'intérêt commun, que le bien de tous a décidé tel ou tel auteur à publier un ouvrage ; ce motif peut être secondaire, mais le premier est toujours celui de la gloire.

On cherche mille moyens pour se faire un nom ; et il est des savans qui croient ne pouvoir atteindre leur but, qu'en différant des opinions généralement reçues.

Je connais l'ouvrage dont tu me parles, et qui a pour titre, *des Affections de la Lumière.* Je vais commencer par analyser cette théorie et la combattre; quoique faible champion de Newton j'espère que mes raisonnemens seront comme la lance d'Astolphe qui mettait hors de combat tous ceux qu'elle touchait. Ton auteur s'occupe premièrement à démontrer les tromperies mises en usage pour faire croire, d'après des expériences très-étudiées, que les rayons sont différemment réfrangibles et différemment réflexibles; que les couleurs sont immuables et innées dans la lumière, etc. Il donne ensuite sa théorie, qui est, si on l'en croit, la seule véritable; il détermine de quelle manière la lumière se mêlant à l'ombre, forme différentes couleurs; il dit que les couleurs sortent des corps, suivant que la nature *pictrice* tempère diversement les voilemens du clair et de l'obscur.

La première objection qu'on puisse faire, celle qui doit se présenter à l'idée d'un enfant, c'est de demander à un peintre s'il peut former toutes les couleurs avec le blanc et le noir.

Le langage de ton philosophe est on ne peut plus obscur et vide de sens : tel est ce passage : » *Un fond clair, rayonnant dans un milieu obscur, produi-* » *ra le jaune si la force du milieu est faible, et le* » *rouge si elle est grande; un fond obscur, rayon-* » *nant dans un milieu clair, produit le violet si la* » *force du milieu est faible, et le bleu, si elle est* » *grande. Passons maintenant aux expériences.* » 1°. *Placez-vous à l'ombre, mettez une feuille de pa-* » *pier au soleil, et observez-la avec un verre nom-* » *mé* Girasol. *Si le verre est mince, le papier paraît* » *jaune, il paraît rouge s'il est épais.* » Le papier blanc que le soleil éclaire, est le fond clair, et le verre dans l'ombre est le milieu obscur; si le verre est mince, on dit qu'il a peu de force, s'il est épais, qu'il en a beaucoup. Pour la seconde expérience: » 2°. *On se sert d'un carton noir placé dans l'ombre,* » *et le girasol est éclairé par le soleil;* » c'est à dire, que le fond est obscur et que le milieu est clair; si le verre est mince, et que les rayons solaires directs le frappent, on dit que sa force est faible; et on voile le violet: mais si le verre est plus épais, et que les rayons condensés par une lentille, l'éclairent, la force du milieu étant ainsi augmentée, le violet devient bleu, ce *Girasol*, jadis joujou des enfans, et introduit passagèrement dans l'optique, est fait avec tant d'art qu'il réfléchit les rayons bleus, et transmet les jaunes et les rouges s'il est plus épais. Dans la seconde expérience, le papier noir placé dans l'ombre, est inutile et le verre fortement éclairé, mis entre l'œil de l'observateur et le papier, n'est vu que par le moyen des rayons qu'il réfléchit: on voit alors le bleu, et ce bleu, vu avec un verre plus massif, aura paru violet à l'auteur du système, parceque le violet est la couleur la plus approchante du bleu, et en même temps la plus languissante. Toute cette théorie ne doit ses prodiges qu'au girasol, car ces expériences répétées avec des verres ordinaires, n'ont pu nous faire obtenir les mêmes résultats. En établissant ainsi des principes infaillibles sur des expériences faites avec des instrumens vicieux, ce physicien est semblable à l'homme qui, attaqué de la jaunisse, voit une teinte jaune sur tous les objets.

Il continua ses expériences, en se servant de quelques liqueurs, et il obtint toujours les mêmes résultats: cela ne pouvait être autrement, car toutes ces liqueurs étaient mises dans un même flacon qui contenait l'infusion d'un bois d'Amérique, qu'on nomme *néphrétique*, et qui a la propriété de paraître bleue par les rayons réfléchis, et rouge ou jaune, par les rayons transmis, suivant l'épaisseur du flacon qui la contient. On ne combattit pas, on fit même peu d'attention à l'auteur de ce bizarre système. L'académie de Londres refit les expériences de Newton, s'en assura bien, et opposa le silence aux attaques des sots. Ainsi, les newtoniens furent semblables à Roger qui découvrait son bouclier lumineux au lieu de tirer son épée. Algarotti qui nous sert de guide, réfuta seul le physicien aux girasols, et ce grand homme se montra dans tous les temps le champion et l'admirateur de Newton, qu'il célébrait sur sa lyre, en le défendant avec le compas. Je te fais grace d'une suite d'expériences de la même théorie, et nous allons nous occuper des autres.

Un savant Français renonça à Newton et à ses erreurs, parce qu'il lui répugnait de croire que la lumière pût être blanche par le mélange des sept rayons prismatiques. Un Italien disait qu'en admettant cette diversité de couleurs, c'était habiller le glorieux corps du soleil, comme l'Arlequin de l'univers. Un ennemi plus redoutable, menaça notre système, M. Dufay, qui avait abandonné le tumulte des armes pour s'adonner aux sciences réelles, fut l'antagoniste de Newton; il réduisit les couleurs primitives à trois. Le *rouge*, le *jaune*, et le *bleu*; *l'orangé* se forme avec le *rouge* et le *jaune*; le *verd* avec le *jaune* et le *bleu*; le *violet* et *l'indigo* ne sont, d'après lui, que des demi-teintes du *bleu*. Il crut former le blanc avec les trois couleurs conservées. Cependant ce savant physicien n'attaque ni la composition de la lumière, ni l'immutabilité des rayons colorifiques, ni leur réfrangibilité. Algarotti écrivit contre lui une savante dissertation en français, et il lui demande pourquoi n'obtient-on pas le bleu, en condensant avec une lentille convexe les rayons violets et indigo; et pourquoi, en éparpillant le bleu avec une lentille concave (qui produit un effet contraire), n'obtient-on pas le violet et l'indigo, supposé que les couleurs ne soient que des demi-teintes du bleu? Pourquoi l'or, placé dans les rayons verds du spectacle solaire, reçoit-il leur couleur, et verdit plutôt que de rester jaune, s'il est vrai que le verd ne soit qu'un composé de bleu et de jaune? Mais rappelle-toi de cette expérience où une lentille était placée entre deux prismes dans la chambre obscure éclairée par un faisceau de lumière très-petit. Newton disposait tout de manière que les rayons réfrangés sortaient du second prisme parallèlement entr'eux; et il en composa un rayon qu'il nomme *artificiel*. Ce rayon, réfrangé par un troisième prisme, produisait un spectre coloré semblable à celui formé par le rayon direct. Qu'il te souvienne encore qu'en interceptant une des couleurs, le verd, par exemple, il disparaissait au second prisme, quoique le jaune et le bleu passassent librement. Et si le verd n'est point primitif, s'il n'est que le mélange du jaune et du bleu, pourquoi ne point faire le verd dans le rayon artificiel ? N'est-ce point une contradiction choquante de voir s'évanouir le composé, puisque les composans restent? On répondit à cette objection du philosophe vénitien, en disant: *le bleu et le jaune forment-ils le verd?* Qui pourrait le nier? or, puisque vous en convenez, pourquoi la nature aurait-elle fait un verd primitif, puisqu'il est tout fait par le mélange du bleu et du jaune? L'explication d'un phénomène est préférable, si elle est simple, à celle qui ne l'est point. Mais ces pourquoi sur les secrets de la nature nous mèneraient, sois-en sûr, plus loin que nous ne voudrions ; respectons un silence que nous ne savons pas lui faire rompre, observons les effets, et laissons aux philosophes qui donnent tout à l'imagination, le soin de rechercher les causes et le but de tous les phénomènes. Si nous voulions répondre par des *pourquoi*, demandons à ces physiciens superficiels, pourquoi la nature a donné des ailes à des animaux qui n'ont jamais volé ; pourquoi ont-ils les organes nécessaires à la marche, ceux qui se traînent sur leur dos? etc. Des expériences répétées ont prouvé qu'on pouvait impunément enlever la rate à des chiens, qui couraient, sautaient, mangeaient comme avant cette opération. A quoi sert la rate? on l'ignore : ses fonctions ne sont pas encore déterminées avec précision.

Sans répondre par des raisonnemens faux, c'est

avec

avec les prismes à la main qu'on doit soutenir l'immutabilité des couleurs, et la fausse idée qu'on peut les composer avec trois. Transporte-toi dans la chambre obscure, reçois sur un carton blanc le verd du spectre coloré; reçois en même temps sur un carton semblable le bleu et le jaune du spectre, de manière qu'ils se mêlent, et que, vus à l'œil nu, ces deux verds soient absolument égaux. Mais lorsque tu les regarderas avec le prisme, le verd primitif sera inaltérable, tandis que l'autre se résoudra en ses composans. Sans tout cet appareil il suffit d'avoir un carton peint avec un verd homogène, et l'autre peint avec le verd résultant du mélange du bleu et du jaune. Cette expérience doit te servir pour toutes les couleurs *dites* composées.

Et pourquoi faire ainsi déroger la couleur qui a mérité la préférence de la nature? C'est elle qui se plaît à colorer les cimes des arbres qui se balancent dans la nue ; c'est elle qui peint nos campagnes au printemps. Couleur aimable, conserve ton rang, sois toujours le symbole d'un sentiment qui est toujours primitif dans le cœur de l'homme, comme tu l'es parmi les couleurs, de ce sentiment qui ne l'abandonne jamais, qui naît le premier et est le dernier à mourir ; qui exalte nos desirs, qui nous fait oublier des maux présens et réels, par la vue d'un bien chimérique et éloigné. L'auteur d'un clavecin d'optique, où on voyait avec les touches qui produisaient les sons, des morceaux de soie de diverses couleurs qui gardaient entr'eux l'harmonie que gardent les sons sur un clavecin ordinaire, contesta à M. Dufay, l'honneur d'avoir trouvé Newton en défaut, (auquel, comme tu le sais, le savant Nollet n'osa jamais prétendre), et il affirma, avec un langage assez obscur, que les couleurs se réduisaient à trois. M. Dufay assure avoir formé avec le jaune, le rouge et le bleu, le blanc artificiel que Newton n'obtint jamais qu'avec sept couleurs. Mais qui nous dira que le prétendu blanc n'était pas un mauvais jaune? Dufay assura même que pour constater la blancheur de son rayon artificiel, il fallait qu'il en obtînt les sept couleurs prismatiques. Il en promit l'expérience, mais il ne la fit point. Mais comment le rouge, le jaune et le bleu auraient-ils pu produire les autres couleurs, lorsque dans toutes les expériences on est convaincu de leur immutabilité. Newton qui n'ignorait point que trois couleurs pouvaient servir à les former toutes artificiellement, tenta de former un blanc en mettant du bleu, du jaune et du rouge; mais ces curiosités, comme il le dit lui-même, n'aboutissent à rien pour nous faire connaître les effets naturels.

Celui qui comparerait nos couleurs avec les couleurs solaires, serait semblable au Cacus de Virgile, lorsque, vaincu par Hercule dans sa caverne, par la splendeur du jour, il tenta d'obscurcir le jour même, en vomissant au loin les vapeurs et la fumée. J'entends te parler de nos couleurs propres, que quelques-uns osèrent mettre en avant pour attaquer la réfrangibilité, et qui la nièrent, parce qu'elle ne se manifesta point dans certains cas. Mais que dirais-tu à celui qui nierait que le choc fait sortir les corps mobiles de leur place, parce qu'un enfant ne peut ébranler une grosse pierre? Je crois que le silence du mépris serait ta seule réponse. Sois certain, cependant, que la composition de la lumière par les sept couleurs, se manifeste même avec nos couleurs propres, car une sphère peinte avec les couleurs prismatiques, paraît blanche si on la tourne rapidement. Malgré les oppositions de M. Dufay contre le système de Newton, on ne peut lui disputer le titre de grand philosophe; et sans doute il aurait reconnu son erreur, si la mort, qui n'épargne rien, ne l'avait frappé à la fleur de son âge.

Nous nous occuperons dans ma lettre suivante, des autres théories anti-newtoniennes. Adieu.

LETTRE QUINZIÈME.

Résumé de plusieurs théories sur la lumière et les couleurs.

Je ne t'ai pas assez développé l'opinion d'Aristote sur la lumière ; il est donc nécessaire que j'y revienne.

Il explique la nature de la lumière, en supposant qu'il y a des corps transparens par eux-mêmes, comme l'air, l'eau, le verre, etc. c'est-à-dire, des corps qui ont la propriété de rendre visibles ceux qui sont derrière eux. Mais, comme dans la nuit nous ne voyons rien au travers de ces corps, il ajoute qu'ils ne sont transparens que *potentiellement*, et que dans le jour ils le deviennent réellement et actuellement, et d'autant qu'il n'y a point la présence de la lumière qui puisse réduire cette puissance en action. Il définit, par cette raison, *la lumière, l'acte du corps transparent considéré comme tel.* Il ajoute encore que la lumière n'est point le feu, ni aucune autre chose corporelle qui rayonne des corps lumineux, et se transmet à travers les corps transparens, mais la seule présence ou application du feu, ou de quelqu'autre corps lumineux ou transparent. Ses sectateurs comprenant mal sa doctrine, se figurèrent que les couleurs étaient des qualités identiques aux corps lumineux et colorés, etc.

Je t'ai assez démontré le système du grand Descartes, et les corrections que Mallebranche y fit. Ses plus célèbres sectateurs sont *Rohault*, qui présenta la théorie de son maître avec quelques corrections, et de la manière la plus séduisante : *Regis* copia le précédent ; mais *Lemonier* mit le système de Descartes sur la lumière dans tout son jour, et l'appliqua à un grand nombre de phénomènes curieux.

Plusieurs philosophes ont pensé avec le docteur s'Gravisande, que le feu et la lumière sont une seule et même matière. La différence de la chaleur et de la lumière consiste en ce que, pour produire la lumière, il faut que les particules de ce fluide se meuvent en ligne droite, et que pour produire la chaleur, il faut qu'elles aient un mouvement irrégulier.

Le célèbre Huyghens croyant que la grande vîtesse de la lumière, et la décussation, ou le croisement des rayons, ne pouvait s'accorder avec le système des corpuscules lumineux, imagina une autre théorie qui fait encore subsister la propagation de la lumière dans la pression d'un fluide subtil. Selon ce grand géomètre, comme le son s'étend tout autour du lieu où il a été produit, par un mouvement qui passe successivement d'une partie de l'air à l'autre, et que cette propagation se fait par des surfaces ou ondes sphériques, à cause que l'extension de ce mouvement est également prompte de tous côtés ; de même

Il n'y a point de doute, selon lui, que la lumière ne se transmette du corps lumineux jusqu'à nos yeux, par le moyen de quelque fluide intermédiaire, et que ce mouvement ne s'étende par des ondes sphériques, semblables à celles qu'une pierre produit dans l'eau où elle est lancée. M. Huyghens déduit de ce système toutes les propriétés de la lumière; mais ce qu'il ne peut expliquer suivant son hypothèse, c'est la propagation de la lumière en ligne droite. Tu dois voir que la réfutation des opinions de Mallebranche sur la similitude du son avec la lumière, sert également contre la théorie d'Huyghens.

En 1736, M. *Bernoulli* donna une dissertation sur la propagation de la lumière, qui fut couronnée par l'Académie des Sciences. Le fond de système est celui du père Mallebranche avec quelques additions. On compte parmi les hommes célèbres qui s'occupèrent de la lumière, *Barow* qui l'attribuait, ainsi que les couleurs, au resserrement plus ou moins grand de la matière éthérée, et à son mouvement plus ou moins vif, *Hook*, qui croyait que la lumière et les couleurs provenaient des pulsations de la matière éthérée.

Un des plus grands hommes du siècle passé, le profond Euler, publia, en 1746, une savante dissertation sur la lumière; on la lit dans ses Opuscules imprimés à Berlin. Il réfuta avec talent les idées newtoniennes; mais tu sais assez que le physicien sensé n'abandonne pas la science des faits, pour s'adonner à une hypothèse.

Il prétend que la coloration n'est due qu'aux oscillations du fluide lumineux. Il compare les couleurs aux sons qui sont graves et aigus suivant les oscillations plus ou moins promptes de l'air. Je t'ai démoutré tout le faux des similitudes. Cependant plusieurs savans célèbres adoptent cette théorie; ceux sur-tout qui ne peuvent croire aujourd'hui que le prisme décompose la lumière, parce que la chimie n'a pu encore la décomposer par d'autres moyens, sentiment naturel chez des hommes qui ont su soumettre à l'analyse chimique presque tous les corps connus; ou qui, ne pouvant les décomposer, ont su calculer leurs effets d'une manière précise dans tous les phénomènes naturels. M. l'abbé Nollet, ce savant célèbre à juste titre, qui fit les délices de la France savante, penche pour le système de Descartes, après s'être réservé cependant d'y faire quelques corrections. Il s'attache à prouver que la lumière est un corps, et les preuves qu'il en donne sont irrécusables; il en explique la transmission, les effets suivant les hypothèses carthésiennes; et il croit enfin que la lumière et le feu sont les effets d'un même élément, et que si l'un se voit sans l'autre, c'est que tous les deux ne dépendent pas des mêmes circonstances. Cette opinion est assez adoptée aujourd'hui parmi les physiciens qui tendent toujours à simplifier les causes; ils pensent même que feu, lumière et fluide électrique ne sont que les modifications d'une seule chose. Le temps et l'expérience décideront sans doute de la validité de cette conjecture.

D'autres savans ont médité sur cette belle partie de la physique; il serait trop long de rapporter leurs opinions; mais sois certain que nul n'a pu ternir la gloire de Newton, qui s'élève au-dessus d'eux comme le sapin près de l'humble ronce.

Je ne me suis pas occupé, mon cher Ariste, à réfuter les opinions diverses dont je te parle dans cette lettre; il t'est facile de le faire maintenant, et j'ai voulu t'en laisser le plaisir et l'honneur.

Adieu.

LETTRE SEIZIÈME.

Confirmation du système newtonien.

ENFIN ce système basé sur la sévère expérience va se montrer à toi, victorieux de tous les autres systèmes, soutenu par Voltaire qui abandonna pour quelques instans la lyre pour se saisir du compas; de son aimable amie la marquise du Châtelet, qui fut sans contredit la première de toutes les femmes; de Brisson, et de plusieurs autres savans qui seront toujours l'honneur du nom français. Nous devons aux vérités newtoniennes les belles spéculations du célèbre Maupertuis sur l'attraction ; nous lui devons la théorie des lunes ou satellites, qui forment la couronne de plusieurs planètes avec celle de l'anneau lumineux qui entoure Saturne.

Jadis ces satellites furent autant de comètes qui entrèrent en parcourant leurs orbites excentriques dans la sphère d'attraction des planètes, et furent ainsi forcées de devenir corps secondaires en obéissant aux planètes qui les enchaînaient. On doit attribuer ces catastrophes extraordinaires, ces changemens d'état aux planètes les plus éloignées du soleil. Tu en sentiras facilement la raison en te rappelant que l'attraction cosmique est toujours proportionnelle à la masse, et que le mouvement des comètes se ralentissant à une grande distance du soleil (tandis qu'il est très-rapide près de lui), elles doivent céder avec moins de résistance à l'attraction de la planète qu'elles côtoient. Notre terre, qui n'est ni grosse, ni éloignée du soleil, proportionnellement à d'autres planètes, n'a pu conquérir qu'une seule comète qui est la lune, tandis que Herschel en a six, Jupiter quatre et Saturne sept, avec un anneau lumineux formé de la queue d'une autre comète. Cette queue, dit Maupertuis, formée par des torrens immenses de vapeurs que l'ardeur du soleil élève de la masse des comètes, passa trop près de Saturne, et fut prise dans la sphère d'attraction de cette planète, tandis que sa tête ou noyau en était déjà bien loin: et suivant les lois de l'attraction combinées avec le mouvement de la queue, Maupertuis démontre comment elle dut ceindre Saturne, se condenser et prendre la forme de ce merveilleux anneau qui est suspendu autour de lui. M. de Mairan pensait que l'anneau de Saturne est l'équateur de cette planète jadis plus grosse, et réduite à un plus petit volume. M. de Buffon croyait aussi que l'anneau lumineux de Saturne faisait autrefois partie de la planète, et qu'il s'en était détaché par l'excès de la force centrifuge. Les hypothèses à ce sujet sont et peuvent être encore très-multipliées, ainsi je passerai les autres sous silence. Tu vois, mon ami, que les comètes, forcées de se mouvoir dans des orbites fort excentriques, semblent faites pour porter le désordre dans l'harmonie de l'univers: on pourrait, je crois, les comparer à ces intrigans du jour, qui, tour-à-tour *Orléanistes*, *jacobins* , *terroristes*, *réacteurs*, *modérés*, *fructidoriens*, etc. laissent à décider ce qu'on doit espérer ou craindre d'eux. Cependant l'observation et le temps nous permettent de connaître leur nombre et leur marche. Il en est de même pour les comètes dont on déterminera avec précision la grandeur des orbites, ainsi que leur nombre. Les soins du confident d'Uranie, du célèbre *Lalande*, éclaireront, n'en doute pas, cette obscure partie de l'astronomie; pourvu que le ciel prolonge son existence, qui doit être chère à tous les amis des sciences.

Il est inutile de te présenter les diverses opinions de tous les savans des siècles passés, sur la formation et la marche des comètes ; je me contenterai de te citer Galilée qui crut que les comètes étaient formées par des exhalaisons légères qui s'élevaient au-dessus de la lune : Képler, si grand ailleurs, soutenait qu'elles étaient les monstres, les baleines formées de l'impureté de l'éther. Les pithagoriciens soutinrent que les comètes étaient des corps durables, des astres errans; Hippocrate de Chio, ses disciples, et sur-tout Æschyle, étaient du même sentiment. Ils ignoraient cependant l'ordre de leurs mouvemens et leur nombre. Tichobraé, astronome à jamais célèbre, que Képler, qu'on regarde avec raison comme le père de l'astronomie, suivit à Uranibourg, presque en qualité d'élève, observa, le premier, avec exactitude, un grand nombre de comètes, et décida qu'on devait les classer parmi les corps célestes, errans et durables. Newton découvrit ensuite les lois qui les gouvernent. Elles ne seront plus un sujet d'épouvante pour les peuples, et elles nous permettent d'espérer que nous aurons, peut-être, un jour à leurs dépens, un bel anneau ou une nouvelle lune. Graces soient rendues au physicien qui sait profiter d'un système pour embellir la vie des hommes, qui, comme tu le sais, est plus dans l'avenir que dans le présent, et qui se nourrit d'imagination plutôt que de réalité.

Maupertuis mit le comble à sa gloire, en confirmant, par le fait, la démonstration de la figure de la terre, déterminée par Newton dans le silence du cabinet.

Parmi les mathématiciens astronomes que Louis XIV envoya sur divers points du monde pour perfectionner l'astronomie, Richer fut choisi pour aller à Cayenne, afin d'y faire des observations astronomiques : ce fut là qu'il s'apperçut que les corps étaient moins graves sous l'équateur que dans les autres endroits de la terre. Il observa que son pendule à secondes décrivait son arc plus lentement qu'à Paris, et qu'il retardait alors considérablement. Il l'attribua, au commencement, à la chaleur qui augmente le volume des corps, et qui, faisant ainsi alonger le métal, devait produire un retard considérable; mais l'observation démontra que cette augmentation n'était pas assez sensible pour produire cet effet, et on s'arrêta à l'opinion, que la gravité était moindre sous la ligne qu'en Europe. Tout le jeu du pendule est dû à sa gravité; or, s'il est moins grave à Cayenne qu'à Paris, il doit tomber plus lentement au premier endroit qu'au second. Ainsi, une livre d'or vaut moins et pèse moins en Guinée qu'en Europe, sans qu'on puisse s'en assurer par les poids qui diminuent eux-mêmes, ni par les sens qui sont infidèles et n'ont pas la même activité chez tous les hommes, et que d'ailleurs nous ne pouvons comparer avec précision une sensation présente à une sensation passée. Cette importante découverte fit soupçonner alors, que la terre était un sphéroïde applati vers les pôles et élevé vers l'équateur. Il est donc certain, par le fait rapporté, que la gravité est moindre sous la ligne qu'ici, et il est certain aussi que cela doit être ainsi par le mouvement de la terre sur elle-même, que personne ne nie. Je n'oublierai jamais cet astronome prussien qui fit main-basse sur les opinions antiques, et qui, inspiré par un astronomique enthousiasme, se saisit de la terre, la jeta loin du centre de l'univers où elle était injustement placée, et lui donna tous les mouvemens attribués aux corps célestes qui nous entourent, comme pour la punir de sa longue inaction. Combien de fois me suis-je figuré immobile, suspendu dans l'espace, tandis que la terre tournait sous mes pieds. Je croyais voir les sables brûlans de l'Afrique, couverts d'un peuple de peuples qui comparent le coloris de leurs belles à l'ébène, tandis que nous comparons celui des nôtres à l'ivoire: je voyais l'Égypte dégradée de son rang passé, en proie aux horreurs d'une guerre affreuse, et illustrée par la valeur de mes concitoyens; je tournais ailleurs mes regards, et je fixais cette mer couverte de vaisseaux qui se livraient des combats sanglans, au lieu de nous apporter, comme autrefois tant de choses nécessaires à la vie, par le prix que nous y attachons. Je contemplais les déserts du Nouveau-Monde où la nature est encore vierge; je voyais ces fleuves dont les flots traînent les diamans : enfin, je passais cette vaste mer où les tempêtes sont ignorées, afin de m'arrêter sur les îles heureuses de l'Orient: l'odeur des muscades et des girofliers parvenait jusqu'à moi sur les ailes de l'air: bientôt, j'appercevais les rives de ce pays où on tue un homme pour rien, et ou on n'ose pas écraser un insecte; où l'usage a condamné les épouses à mourir avec les époux qu'elles n'aimèrent peut-être jamais : je. . . . . Mais que fais-je? tu bâilles, j'en suis sûr, et cette digression géographique a fait tomber ma lettre de tes mains; ramasse-la, et arrêtons la terre afin de la mieux connaître. On la comparait à un œuf, mais il est démontré que sa forme est celle d'une orange.

Dans le premier cas, toutes les parties de sa superficie auraient un poids égal vers le centre. Mais comme elle tourne sur ses pôles en vingt-quatre heures, ses parties doivent acquérir cette force que nous avons nommée *centrifuge*, et tendre à s'éloigner du centre en s'échappant en ligne droite, et elle y réussirait, si la gravité commune et l'attraction réunies ne les retenaient. Autant cette force centrifuge est grande, autant elle domine sur la gravité, que les cercles que la terre parcourt en vingt-quatre heures sont plus grands: si le cercle équinoxial est le plus grand de tous, la force centrifuge doit y être à son comble, tandis qu'elle n'agit point sur les pôles qui sont immobiles. Or les parties de la terre tendant à s'éloigner, s'exhausseront sous la ligne, et graduellement moins à mesure qu'elle s'en éloigneront ; mais sous les pôles la force d'attraction et de gravité n'étant point combattue, nous ne trouverons aucun changement, et nous dirons que la terre est une orange renflée sous la ligne et applatie sous les pôles. Newton avait géométriquement déterminé cette forme avant que les savans français s'en assurassent par l'expérience. Une partie fut au Pérou, et celle dont Maupertuis était le chef, fut en Laponie, afin que par cette distance, la différence des degrés se montrât plus sensiblement que dans ceux que Picard et Cassini avaient mesurés auparavant, et où ils avaient vu que les degrés méridionaux étaient plus longs que les septentrionaux ; ce qui contrariait singulièrement l'idée qu'on se formait de la figure de la terre. Cependant les observations exactes des deux compagnies de savans, confirmèrent celles de Cassini et de Picard, et servirent à Newton pour déterminer d'une manière exacte la figure de la terre, et pour mesurer par son diamètre, qui est de deux mille huit cent soixante-quatre lieues, la distance précise de la lune à la terre (qui est, je crois quatre-vingt-cinq mille trois cent-quatre-vingt-dix-huit lieues), distance nécessaire à connaître pour vérifier si la proportion inverse des quarrés des distances avait lieu pour l'attraction de la terre sur les graves tombant à sa superficie, comparés avec le mouvement de la lune. Alors, graces à Maupertuis et à Newton, la route des mers fut mieux connue, on rectifia les cartes anciennes, faites d'après une opinion que la terre était plus petite ; l'attraction incontestée dans les phénomènes cosmiques, se montra sur la terre; et malgré que Newton eût dit qu'on ne devait point espérer de connaître l'attraction des plus hautes montagnes, même en les supposant massives, les mathématiciens français envoyés au Pérou ne purent se déffendre d'un étonnement respectueux à la vue des Cordelières, sur-tout du Chimboraço qui, malgré les chaleurs de la zône torride est presque toujours couvert de neige. Ils voulurent calculer quelle devait être son attraction sur les corps. M. Bouguer rapporte les observations qu'il a faites à ce sujet avec M. de la Condamine, dans un mémoire imprimé en 1749, et digne de la plume d'un tel auteur, et il en résulte que l'attraction de cette grosse montagne écarte le fil-à-plomb d'environ 7 ½ de la situation verticale. On présumait que l'attraction

traction serait plus sensible; mais on ne doit point s'en étonner, parce que, d'après les observations et la tradition, le Chimboraço étant un volcan éteint, doit être plein de cavités, et cette diminution de matière enlève ou détruit l'attraction présumée par ces illustres observateurs. Les expériences de M. Maskeline, sur la montagne appelée *Schehallien*, dans la province de Perth en Ecosse; les observations du P. Boscoviche, du P. Beccaria en Italie; celles de l'abbé de la Caille dans le voisinage des Pyrénées, prouvent, d'une manière incontestable, que l'attraction se manifeste par la masse de nos montagnes. Pouvons-nous douter de la force attractive des monts, lorsque nous voyons les nuages s'accumuler sur les plus hauts et sur ceux auxquels nous supposons plus de masse? L'observateur attentif s'en convaincra toutes les fois qu'il examinera la direction des nuages, leur marche, leur station, soit dans les Alpes soit dans les Pyrénées, etc.

Mais c'est assez te parler des preuves de l'attraction, tu dois en être convaincu, et je craindrais de t'offenser si je persistais encore.

Tous les systèmes sont tombés, tous se sont évanouis lorsque l'expérience, cette pierre de touche des philosophes, a éprouvé leur solidité; celui de Newton seul, subsiste; il semble que la vérité a parlé par la voix de ce grand homme, et ce qu'il nous a appris sera long-temps le *nec plus ultrà* du savoir. Adieu.

X,

LETTRE DIXSEPTIÈME,

Où l'on démontre pourquoi nous voyons un seul objet, tandis que nous en recevons deux images, et pourquoi ils nous paraissent, droits tandis qu'ils sont peints renversés comme dans la chambre obscure.

NON, mon cher Ariste, ne crains pas d'abuser de ma complaisance : les connaissances que les hommes peuvent acquérir ne sont qu'un prêt, ils doivent les communiquer aux autres ; à ce devoir se joint celui d'un véritable ami, qui veut dissiper des doutes qu'il aurait pu t'épargner.

Tu me demandes pourquoi nous ne voyons qu'un objet, tandis que nous en recevons deux images ; pourquoi les objets peints, culbutés dans notre œil comme dans la chambre obscure, nous semblent cependant droits.

Je vais répondre à tes questions avec toute la clarté, toute la précision possibles. Toutes nos connaissances à ce sujet sont dues à la chirurgie, qui a su rendre la vue à des aveugles-nés, qu'on a observés dans leur manière de se servir de la faculté visuelle, et par l'idée qu'ils se formaient des objets. La cécité est principalement due à l'épaississement du cristallin, qui arrête alors les rayons qui parvenaient à la rétine en le traversant. Ce malheur est porté en naissant, ou il est accidentel : dans l'un et l'autre cas, le seul remède est l'extirpation du cristallin, car son abaissement offrait l'inconvénient de le voir remonter. Après l'opération, les deux humeurs, aqueuse et vitrée, servent, par le moyen des lunettes extérieures, à voir les objets assez distinctement. Vois, avec l'œil de la pensée, cet aveugle-né, auquel on a rendu la vue ; il est embarrassé de ce bienfait, il ne distingue rien, il ne peut saisir un corps, tout n'est pour lui qu'une toile marbrée de lumière, d'ombre et de couleurs. Toutes ses idées passées se bornaient à celles que lui fournissaient le goût, l'odorat, l'ouie, et le tact, qui est en nous le plus fort des sens, qui est même le père des autres, car la vue dépend de l'impression, et conséquemment du choc des rayons lumineux sur la rétine ; le goût et l'odorat, des chocs plus ou moins valides des particules odorantes et sapides sur les papilles nerveuses olfactives, et sur celles du gout ; le son du choc, plus ou moins réfléchi des parties de l'air dans le siége de l'ouie. L'aveugle qui cesse de l'être, ne peut établir la correspondance de ses idées anciennes avec les idées nouvelles qui s'élèvent en foule dans son ame ; et lorsque nous jugeons de la distance, de la forme aussi variée que les objets eux-mêmes, lorsque nous distinguons parfaitement un corps d'avec un autre, parce que nous avons souvent manié ces choses tapissées de lumière et d'ombre, et de couleur, nous avons appris à nous former une idée stable de telle couleur, tel fonds, telle figure, etc. Par exemple, les accidens du clair et de l'obscur paraissent différens dans les corps, la lumière est plus forte dans un objet voisin que dans un autre qui est éloigné, elle est différente dans un rond et dans un quarré, etc. suivant les qualités des corps polis, diaphanes, opaques, colorés, poreux, raboteux, etc. Chacun de nous a tous les jours ces objets sous la main, et quoiqu'il n'y ait point de ressemblance entre le poli de l'albâtre et le brillant de la lumière, à peine une idée se présente à l'ame, que l'autre, quoique différente, s'élève comme un éclair, et lui tient compagnie, non en vertu de leur similitude, mais par la chaîne qui les unit. Lorsque nous entendons le cocher crier *ohé*, mille idées, qui ne ressemblent point à cette voix, s'élèvent dans notre ame; nous voyons le cocher frapper les chevaux, nous voyons la voiture, la rue, ce qu'on y fait, ce qu'on y peut faire. Telle est l'illusion de la peinture, qui, par la représentation de ce qui appartient à un seul sens, a le pouvoir de nous faire connaître et de rappeler à notre esprit tout ce qui appartient aux autres. Ce que l'observation, l'habitude des plus jeunes ans, ont rendu palpable à notre ame, est en un instant créé par l'idée (1). L'aveugle-né

---

(1) Lisez sur les aveugles-nés dans les *Transactions philosophiques,* et dans le 55ème article de *Tatler,* une relation curieuse des observations de M. *Chesselden* sur ceux qu'il avoit opérés de la cataracte.

qui vient d'acquérir la vue, ne peut le faire que peu à peu. Il connaît d'abord les objets qui l'entourent, ses mains, ses pieds, la terre qui le soutient, et cela, en touchant souvent ces objets, en les gravant partiellement dans sa mémoire. Alors les idées ainsi détachées ne se contrasteront plus. Cependant il se trompe souvent, il ne reconnaît bien les corps que lorsque le portrait de la vue, (si je puis m'exprimer ainsi) est ébauché et fini par le tact. S'il aime, il ne reconnaîtra pas ceux qu'il aura desiré voir; en vain un père, une mère tendre l'appelleront, il entendra leurs paroles, elles sonneront agréablement à son oreille, et plus encore à son cœur, mais il lui sera impossible de distinguer les bouches qui les modulent. Cependant, c'est par-là qu'il commencera. Il jugera ensuite du bas et du haut. Il appellera la terre *basse*, parce que la force de gravité l'appelle vers elle. Il appellera *bas* tous les corps qui sont dans une situation relative à la terre: le ciel, les tours, seront des objets *hauts*, et il appellera *haut* tout ce qui leur sera relatif; la ligne qui séparera ces deux limites sera le milieu, etc. C'est

---

On connaît le célèbre problème que Molineux proposa à Locke. On demandait si un aveugle-né ayant appris, avec le temps, à distinguer, par l'attouchement, un cube et un globe de même matière, saurait dire, en les voyant et sans les toucher, quel est le cube et quel est le globe. Ces deux philosophes se décidèrent pour la négative, et l'observation confirma leur solution.

ainsi qu'en liant les idées du tact à celles de la vue, il apprendra à parfaitement distinguer tout; il s'accoutumera à opposer le bas de la rétine aux objets élevés, et la partie supérieure à ceux qui sont bas. De cette manière, il n'y a point de contrariété dans la connexion des idées; cette connexion est plus forte par l'habitude de l'esprit, et la sensation que nous avons des choses par le moyen de la vue, est redressée par l'opinion que le tact donne sur leur situation; c'est par lui que nous apprenons à percevoir seuls les objets dont nos yeux nous transmettent deux images; mais notre tact nous a tant de fois assurés qu'il n'y a qu'un seul objet, que, malgré les deux images, nous sommes persuadés qu'il n'y en a qu'un. Enfin les jugemens s'incorporent avec les sensations, et juger et voir est une seule chose. Si nous recevons les deux images de la même manière, c'est-à-dire, si elles retombent toujours sur la même partie de la rétine qui, dans un œil comme dans l'autre, se meuvent de concert, nous voyons un seul objet : mais si elles tombent sur des lieux différens de la rétine, qui ne se correspondent point, on voit double comme les strabites. Et tu vois que dans les cas inusités dans une nouvelle manière de voir ou de sentir, si les vieilles preuves ne viennent point à l'appui, le jugement ne peut se joindre avec la sensation. Cependant ceux qui sont naturellement louches, ne voient pas les objets doubles; ils se correspondent dans la rétine, et d'autres parties font chez eux ce que d'autres font chez nous ; ils contractent leur manière de juger et de voir, d'une manière différente de la nôtre, mais qui revient toujours à croire seul l'objet dont on voit deux images. Un porte-faix anglais qui, dans les rixes de son état et de son pays, reçut un coup de poing qui lui déplaça un œil et le rendit louche, vit au commencement tous les objets doubles, et finit par les juger seuls, en commençant par ceux qui l'avoisinaient, et ainsi de suite. Tel est le pouvoir de l'habitude, les preuves de son empire sur nous sont grandes ; mais on dirait que pour la vue, elle a la force de vaincre et de diriger le sentiment à son gré. Vissions-nous vingt images du même objet, cette souveraine régulatrice de l'homme nous ferait juger qu'il n'y en a qu'un ; et nous ne pouvons douter qu'*Argus*, *Centœillé*, voyait Io, qu'il gardait par ordre de Junon, de la même manière que le cyclope Poliphème ; et comment eût-il pu la garder, si chacun de ses yeux avait reçu une image à part ? il n'aurait jamais su où elle était, et on la lui aurait facilement enlevée. L'homme serait plongé dans une incertitude cruelle, s'il recevait deux images semblables, il ne saurait vers quelle se porter, puisqu'elles seraient égales, et il éprouverait en tout le supplice de Tantale. Voilà toutes les notions que la physique nous donne sur les questions que tu m'as proposées. Je souhaite les avoir présentées d'une manière claire et précise, afin que tu les graves dans ta mémoire. Adieu.

LETTRE DIXHUITIEME.

De la lumière considérée dans les phénomènes chimiques, et ceux de la coloration des végétaux.

LA chimie, qui va presque toujours plus loin que la physique dans la connaissance des corps, n'a aucun empire sur la lumière, tandis que la première est parvenue à en faire la véritable anatomie, l'analyse et la synthèse. Elle est composée pour le physicien, indécomposable pour le chimiste, qui est réduit à l'observer dans quelques phénomènes de sa science. Elle agit chimiquement sur les corps, les décompose, ou forme avec eux certaines combinaisons. C'est ainsi que son contact *débrûle* les acides, les oxides métalliques, c'est-à-dire, qu'elle leur enlève l'oxigène; elle change la nature de plusieurs sels; elle colore les végétaux, leur donne la saveur, tandis que son absence les rend fades, étiolés. C'est par cette théorie qu'on explique la routine que les jardiniers suivent depuis long-tems, pour avoir des végétaux blancs et doux. Le céleri, la laitue, la chicorée, perdent, comme tu le sais, leur saveur âcre, aromatique, amère, et blanchissent parfaitement lorsqu'on les met à l'abri du contact de la lumière.

Le voyageur observe sur-tout son influence dans les contrées où le soleil darde ses rayons perpendiculairement, comme sous l'équateur. La terre est embaumée embaumé de mille parfums divers, tandis que des nuances de couleurs innombrables émaillent sa surface; les tiges des plantes sont droites, leur végétation est rapide, et l'huile et la résine y abondent au point qu'un grand nombre sont vénéneuses et caustiques. Elle irrite certaines plantes : on observe que les feuilles de l'*hedisarum*, qui ont un mouvement de rotation dû aux rayons solaires, se calment et sont immobiles lorsque le ciel est couvert, ou que le soleil est passagèrement masqué par un nuage. La sensitive, mise dans l'obscurité pendant vingt-quatre heures, se montra plus irritable, lorsqu'on l'exposa de nouveau à la lumière. Son action trop forte fait périr les jeunes plantes, aussi voit-on les jardiniers défendre de la lumière solaire les végétaux qui poussent à peine. Les semences germent plus vîte lorsque le soleil ne peut les pénétrer. Il paraît, par toutes les observations, que l'oxigène joue un grand rôle dans la coloration des végétaux ; mais il est évident qu'elle peut exister sans lui, et qu'on ne la voit jamais sans lumière.

L'emploi de l'oxigène, ou ses effets variés à l'infini dans le phénomène de la coloration, doivent tous se rapporter à ceci : « L'oxigène ne colore » point les végétaux, mais sa présence et ses » proportions dans certaines parties de la plante, » modifient les molécules qui la composent, de » manière à lui faire réfléchir telle ou telle couleur».

Les couleurs propres à différentes parties des

plantes, sont, 1°. Le *verd*, qui colore les feuilles, les calices, rarement la corolle, si l'on n'en excepte l'hellebore verd. 2°. Le *noir*, ponr les racines et les semences, rarement dans les péricarpes, plus rarement encore dans les corolles. 3°. Le *jaune* se trouve souvent dans les anthères ou dans les corolles, principalement dans les syngénèses et les automnales. 4°. Le *cristallin* (hyallinus); il est fréquent dans les filamens et dans les pistils. 5°. Le *blanc*, dans les corolles des fleurs du printems et des pays froids. 6°. Le *rouge*, dans les fleurs d'été et des pays chauds. Quelques feuilles, comme celles des rumex, des vignes, du lierre à cinq feuilles, rougissent en automne. 7°. Le *bleu* se rencontre souvent dans les corolles, principalement dans les pays froids.

Les couleurs varient beaucoup dans les corolles, dans les fruits et dans les semences. Elles changent assez souvent, car on observe quelques plantes qui ne jouissent pas de la même couleur pendant toute l'année, comme on peut le voir par les tulipes, les iris, etc.

Si la lumière (1) contribue à la coloration des végétaux, on ne peut nier qu'ils ne verdissent dans les grottes obscures et pleines de gaz hydrogène, comme nous l'ont enseigné les expériences faites

(1) Les Cens. Tessier à Paris, et M. Humboldt à Berlin, ont prouvé que la lumière artificielle des lampes agissait sur les végétaux d'une manière analogue à celle de la lumière naturelle.

par le célèbre Humboldt, dans les cavernes de Friberg. Le savant Plenck rapporte que les fucus deviennent noirs par les oxides métalliques des thermes de Baden, parce que le gaz sulfuré enlève l'oxigène aux oxides.

Les plantes exposées à l'insolation, exhalent du gaz oxigène. Plusieurs naturalistes ont tenté de colorer les plantes de différentes manières, en les enfermant dans une chambre obscure, et en ne les éclairant qu'avec un seul des rayons du spectre solaire newtonien, leurs résultats n'ont pas été satisfaisans; j'ai voulu répéter ces belles expériences, mais toujours sans succès. (1)

L'effet de la lumière sur les animaux vivans est très-évident; la présence du soleil est nécessaire à leurs plaisirs comme à leur santé : il en est qui recherchent avec empressement sa présence; les hommes plongés dans les cachots, ou enterrés vivans dans les mines, perdent leurs forces, leurs couleurs, l'énergie de leur vitalité; leur système absorbant s'engorge de liquides que les vaisseaux blancs ne peuvent faire mouvoir avec la rapidité nécessaire : on peut dire qu'ils sont *étiolés*.

Tel est l'exposé rapide des propriétés chimiques

---

(1) L'effet de la lumière est de les échauffer, d'augmenter leur force de succion, de s'opposer à la décomposition septique, de les colorer, d'y faire naître des corps huileux, aromatiques, âcres; d'y favoriser le dégagement du gaz oxigène et de rendre en général la végétation très-active. Fourcroy. *Syst. des Conn. chim.*

de la lumière ; le temps, l'observation en dévoileront sans doute d'autres. La nature ne voudra pas toujours se couvrir d'un manteau mystérieux : la chimie parviendra à connaître ce corps, lorsqu'elle aura assez étudié ses effets. Si cet espoir est vain, j'ose croire qu'il est permis de l'avoir, lorsque les Fourcroy, les Chaptal, les Vauquelin honorent leur pays, soutiennent la science dont ils sont les fondateurs, et lorsqu'on voit qu'ils sont à peine à la moitié de leur existence, quoiqu'ils aient assez vécu pour établir leur gloire sur des bases inébranlables.

Je touche au moment d'abandonner cette ville; mais lorsque mon devoir m'appelle en d'autres lieux, il m'est bien doux, avant mon départ, d'avoir pu te présenter un traité complet d'optique. Médite souvent mes lettres, pense aux sciences qui sont les seules richesses que l'infortune ne peut nous ravir, et elles t'offriront sans cesse des plaisirs vrais et durables. Adieu.

LETTRE DIX-NEUVIÈME.

Abrégé de la théorie du comte Charles Barattieri, sur la coloration.

Comment te faire part de ma douleur en apprenant à mon retour, que mon cher Ariste n'habitait plus les mêmes contrées que moi. Mais bientôt elle s'est calmée lorsque j'ai vu que ton éloignement pénible pour l'amitié, devait faire ton bonheur.

Heureux ami, tu vois les rives de la Seine, tu habites la capitale du monde et des arts, tous les jours tu entends les oracles du génie, par la voix des plus savans professeurs. Avec quelle rapidité tu sauras profiter de leurs leçons! qu'il sera doux pour moi de m'éclairer de tes lumières lorsque nous serons réunis! Ah! si tes maîtres sentent tout ce que vaut leur élève, ils s'enorgueilleront de t'initier aux sublimes vérités de la science. Tu verras tous les jours le premier des orateurs et le premier des chimistes, tu entendras ses paroles éloquentes qui sont, à la fois, le tableau d'une science qui lui doit tout, et que le rhétoricien admire et veut en vain imiter. Tu suivras Cuvier, et tu connaîtras bientôt le mécanisme des animaux, planant avec lui sur tous les êtres vivans ; tu seras frappé d'admiration à la vue de cette complication de la matière, mais son génie applanira toutes les difficultés, et de l'homme jusqu'à l'insecte, tout te sera dévoilé.

Les sciences consternées pleurent encore sur la tombe de Daubenton et de Dolomieu, de ces hommes célèbres dont les noms ne seront pas anéantis par l'outrage du temps, et qui seront chers à tous ceux qui aimeront à connaître les œuvres de la nature. Sans doute cette perte est cruelle; mais elle est moins cuisante, lorsqu'on fixe ses regards sur leur modeste et savant successeur Haüy. Son affabilité t'encouragera, il répondra avec clarté à toutes tes questions, et le professeur se mettra à ton niveau, sera ton ami, si tu veux réellement t'instruire.

Pour moi, qu'un sort cruel éloigne encore de ma patrie, je me traîne en luttant contre ma destinée; je m'efforce de conserver les notions que je dois à ces savans que j'ai trop peu suivis; je fréquente les vrais amis des arts, et leurs soins m'aident à surmonter les obstacles qui s'offrent sans cesse dans l'étude des sciences exactes.

Depuis peu je suis à Plaisance, et ce desir qui me guide toujours près des hommes à talens, m'a fait connaître un physicien profond, M. le comte Charles Barattieri; il a daigné m'honorer de sa confiance, et s'est vainement efforcé de me rendre le sectateur d'une théorie sur la lumière, qu'il présente comme celle de la nature.

Trop jeune encore, et trop peu instruit pour condamner ses opinions, je n'ai cependant pas voulu garder le silence, et j'ai vivement défendu la cause de Newton, et je l'ai forcé à me déclarer invincible. Il eût été difficile de faire autrement. C'est Newton qui combattait; c'est avec ses œuvres à la main que je me défendais d'accepter le nouveau système.

Cependant l'opinion de M. Barattieri est si savante, que je crois devoir t'en faire part; tu la méditeras, tu la présenteras au jugement de nos maîtres, tu dois sur-tout faire grand cas de celui du Cen Brisson, de Challé, physiciens distingués, et dont les idées seraient chères à M. Barattieri, ainsi qu'à moi. Défends le philosophe de Plaisance si on le juge avec trop de sévérité. Ce n'est point le desir d'une vaine célébrité qui l'a porté à émettre des opinions qui attaquent celles qui sont généralement reçues; c'est l'amour de la science, celui de hâter ses progrès, c'est la recherche de la vérité qui le guident : tu sais bien que ces nobles motifs peuvent nous précipiter dans un abîme d'erreurs. Je crois lui devoir beaucoup, parce qu'en méditant sa théorie, j'ai approfondi celles auxquelles je l'ai comparée. Il a favorisé mon instruction, et je lui dois, ainsi qu'à tous les savans de Plaisance, des preuves non équivoques d'amitié qui méritent toute ma gratitude.

Dailleurs sa modestie, son attachement pour les étrangers, ses vertus, dont il trouve la récompense dans les bénédictions du peuple ; ses talens vraiment transcendans auraient brisé dans mes mains la plume de la critique, si javais eu assez de génie pour attaquer sa doctrine, dont je vais te communiquer l'abrégé.

THÉORIE SUR LA COLORATION,

Un faisceau de lumière est un agrégé de molécules homogènes, très-ténues, d'une matière extrêmement élastique, mises en action par les corps *dits* lumineux naturels, ou artificiels : cet agrégé est fait pour exciter, par l'organe de la vue, les sensations de la vision simple : celles des couleurs dépendent des *aberrations perturbées* (1) que ces molécules souffrent dans les réfractions, dans les expansions et dans les sphères d'attraction des corps qu'elles investissent ou approchent.

THÉORÊMES.

1.

Lorsqu'un faisceau de lumière passe obliquement d'un milieu diaphane dans un autre de densité différente, il se rompt et change de direction, en se repliant vers la perpendiculaire.

2.

Si un faisceau de lumière passe dans la sphère d'attraction (2) d'un corps quelconque, il y souffre une aberration perturbée.

---

(1) On nomme *aberration perturbée*, celle que souffre un faisceau de lumière, dont les rayons réfractés par le milieu d'attraction terminé par deux plans non parallèles, ou qui, attractée à diverses distances, devient inégalement.

(2) M. Barattieri appelle sphère d'attraction, etc.

3.

Les rayons d'un faisceau de lumière directe ou réfléchie, passant près d'un *champ* ou faisceau de lumière plus faible, se brisent et s'épanchent plus ou moins sensiblement sur lui, dans une proportion donnée des distances et de la différence des forces ou de leur vélocité.

4.

Les aberrations non perturbées des faisceaux de lumière, qui, passant par un milieu d'attraction terminé par deux plans parallèles, conservent un rapport constant entre le sinus d'incidence au premier plan, et celui *d'émergence* au second, ne servent point à la coloration.

THÉORÈMES.

5.

Une seule aberration perturbée d'un faisceau de lumière ne suffit point pour exciter sensation de couleur.

6.

Deux aberrations perturbées d'un faisceau de lumière, excitent sensation de couleur.

7.

Deux aberrations perturbées d'un faisceau de lumière, vers la même partie, excitent la sensation des couleurs qui du jaune vont graduellement à l'orangé et au rouge.

8.

Deux aberrations perturbées, opposées, excitent la sensation des conleurs qui du bleu passent par degrés à l'indigo et au violet. (3)

9.

Trois modifications décises de lumière, alternatives, soit par des aberrations perturbées des rayons directs, soit par expansion des rayons réfléchis des couleurs ou teintes de toute espèce, excitent la sensation du verd.

10

Les aberrations perturbées que souffre un faisceau de lumière en passant près d'un corps, ou par le trou fait au volet d'une fenêtre, sont partielles, ou limitées aux rayons qui entrent dans la sphère d'attraction des corps, ou des côtés du trou. (4)

---

(3) On entend dans les théorèmes 7 et 8, lorsque la lumière souffre la plus forte aberration. C'est-à-dire, du blanc au noir; dans les aberrations moindres il ne se manifeste qu'une partie des couleurs de la série des couleurs à laquelle elles appartiennent.

(4) On n'entend parler ici que de la lumière à laquelle la lumière obéit relativement à la coloration.

11.

Les aberrations perturbées que souffre un faisceau de lumière en passant par un prisme, ou par tout autre milieu attirant, terminé par deux plans non parallèles, comme un vase de cristal contenant de l'eau limpide, et légérement incliné, sont généralement étendues à tous les rayons réfractés en sections diverses, par le prisme ou par le milieu d'attraction supposé.

12.

Plus le degré de réfraction, d'expansion ou d'attraction que souffre un faisceau de lumiere est intense, plus la couleur dont il excite la sensation est faible et obscure sans qu'elle change de série.

La différence totale de cette théorie d'avec celle de Newton sur les mêmes phénomenes, exige qu'on les juge séparément. Je m'occuperai dans la lettre suivante, de la coloration de la lumiere réfléchie (5) dont les expériences commodes peuvent se faire sans chambre obscure, et sans exiger que le soleil soit pur et sans nuages. Nous nous occuperons ensuite de celle de la lumiere directe, qui part des mêmes principes, soutenue par des expériences qui semblent claires, et qui sont assez faciles.

---

(5) On appelle lumière réfléchie en général, celle que les corps renvoient, et qui éclaire indirectement, et lumière directe, celle qui agit en suivant la direction que lui impriment les corps lumineux lorsqu'ils la mettent en action.

Telle est la philosophie de la lumière ; suivant l'opinion du physicien italien. Je suis certain que tu attendras avec impatience la lettre qui doit en contenir le développement. Je ferai mon possible pour te satisfaire bientôt, et te prouver ainsi, que tu n'as pas de meilleur ami que moi. Adieu.

LETTRE VINGTIÈME.

Coloration de la lumière réfléchie.

Les expériences que je vais te décrire méritent toute ton attention, parce qu'elles sont nouvelles.

I.

On ne découvre point de nouvelles couleurs dans un fond blanc, ou tout autre uniformément coloré, ni dans le ciel serein, lorsqu'on les observe avec le prisme à l'œil. (*Théor.* 5.)

II.

En observant horizontalement avec le prisme,(6) à la distance de deux mètres environ, les bords inférieur et supérieur d'une aire ou quarré de huit centimètres à peu près de diamètre, et teint en jaune pâle sur un fond blanc, cette couleur réfléchissant la lumière un peu modifiée, et conséquemment plus faible que celle du blanc qui l'entoure, il doit y avoir une légère aberration pertur-

(6) L'auteur se sert du prisme comme d'un corps diaphane simple et commode, qui, présentant aux rayons lumineux qui le traversent un excès de masse d'un côté, et un défaut respectif de l'autre, est plus propre à les dévier inégalement, et pour éviter toute équivoque, il couvre une de ses faces avec du papier noir.

bée vers le quarré même (*Théor.* 3.), qui, se combinant avec celle de la réfraction prismatique présente aux deux extrémités supérieure et inférieure de l'aire ou quarré, deux zones pâles, colorées si faiblement qu'on les distingue à peine du blanc. (*Théor.* 6.)

III.

En observant toujours de même six quarrés de la même grandeur que le précédent, et peints avec les couleurs de la série des plus fortes, ainsi qu'il suit : jaune clair, jaune foncé, orangé clair, orangé foncé, rouge clair, rouge foncé, et six autres peints avec les couleurs de la série, des plus délicates : bleu clair, bleu foncé, indigo clair, indigo foncé, violet clair, violet foncé ; on voit que plus la réfraction s'éloigne du jaune clair et s'approche du rouge foncé, comme lorsqu'elle s'éloigne du bleu clair en s'approchant du violet foncé, plus aussi les zones inférieure et supérieure des quarrés se colorent fortement. Mais dans un tel changemnnt il n'y a qu'une aberration plus grande de la lumière réfléchie du fond blanc vers les quarrés plus fortement colorés (*Théor.* 3.) Ce phénomène doit donc être à ces aberrations combinées avec celles de la réfraction prismatique.

IV.

Pour éviter qu'on infirme mon assertion, en croyant que les zones colorées ne sont qu'un transport des couleurs des quarrés, opéré par la réfraction du prisme, on peut répéter la même expérience sans se servir de couleurs, en y substituant six quarrés de dimension égale, teints à l'encre de la Chine; en commençant par une nuance légère, et proportionnellement jusqu'au noir foncé, on obtient même des couleurs plus prononcées, qu'avec les quarrés colorés. (*Théor.* 12.) Dans cette expérience les quarrés plus ou moins obscurs, teints à l'encre, ne contribuent à la coloration que par une diminution de résistance, et ils y contribuent mieux, parce que la lumière réfléchie par eux, est plus faible que celle qui l'est par les aires colorées (7). Ainsi, l'assertion précédente subsiste et se fortifie. (8)

5.

En observant les bords inférieurs des aires colorées ou noires, avec le prisme dont l'angle réfringent

---

(7) La lumière réfléchie du noir, est plus faible et non moins copieuse, parce que, d'après cette theorie, le blanc et le noir, à circonstances égales, refléchissent la même quantité de rayons; toute la différence est en ce qu'ils la réfléchissent plus ou moins vigoureusement l'un que l'autre. En voici la raison; si les corps noirs réfléchissaient moins de rayons que les corps blancs, ils exciteraient dans mon œil une sensation d'un nombre moindre de points visibles, que celui qu'excitent les corps blancs. Mais ceci n'arrive point, et en voici la preuve: s'ils excitaient la sensation d'un plus petit nombre de points visibles, ils nous sembleraient proportionnellement plus petits que les corps blancs d'égale dimension, comme lorsqu'on

doit être tourné vers la partie inférieure; la lumière que le corps blanc réfléchit vers ces bords, s'étend en haut, et se réfrangeant de nouveau en passant par le prisme, on a deux aberrations analogues, qui excitent les sensations des couleurs qui du jaune vont par degrés à l'orangé et au rouge. (*Théor.* 7.)

VI.

En observant avec le prisme dans la même position, les bords supérieurs des aires, la lumière que le blanc réfléchit vers ces même bords, s'étendant vers le bas, passe par le prisme et se réfrange en haut. On a alors deux aberrations perturbées opposées qui excitent la sensation des couleurs qui du bleu vont par degrés à l'indigo et au violet. (*Th.* 8.) (9).

---

observe à une certaine distance l'image d'un corps, réfléchie par un miroir convexe; mais il ne nous paraissent pas moins grands, ou c'est une bien petite différence qui provient de la faiblesse de certains rayons réfléchis par le corps noir, et qui ne peuvent exciter sensation de vision. Si on m'oppose que les corps noirs exposés au soleil, s'échauffent plus promptement que les blancs, je répondrai que la chaleur et la lumière ne sont pas la même chose, et que ce phénomène ne provient pas de l'intromission de la lumière dans les corps.

(8) Par la même raison les zones, qui se montrent vers les bords supérieur et inférieur des six aires ou quarrés de la série du jaune, sont sensiblement moins foncées que celles de la série du bleu. On en déduit la conséquence évidente, que les couleurs de la série du jaune sont plus vigoureuses que celles de la série du bleu.

(9) Les effets des aberrations dont on fait ici mention, ne

VII.

En observant toujours de la même manière les extrémités de deux petits cylindres perpendiculaires en fer, de six millimètres de diamètre, vis-à-vis un champ parfaitement blanc, l'un desquels doit être tourné en haut, et l'autre en bas. Alors, par les raisons déja données, le premier est orné des couleurs bleu, indigo, violet; et le second, de jaune, orangé et rouge.

VIII.

Les expériences qui confirment les théor:

---

sont pas de longue durée, et ceux même auxquels j'attribue les couleurs du spectre solaire, ne présentent à une certaine distance, comme l'a observé Marat (*Notions d'Optique*, page 23) qu'un large champ de lumière pâle, sans couleurs distinctes. La coloration des corps, qui depend des mêmes principes, cesse d'être sensible à une grande distance. Mais pourquoi toutes les teintes d'une couleur quelconque excitent-elles la seule sensation de bleu? Je sais que cet effet se nomme bleu de ciel, et j'en ignore la raison.

Si nous avons dans la conformation interne de l'œil, dans l'uvée un champ noir, ou une chambre obscure dont la pupille correspond à l'aire blanche, ou au trou de la fenêtre qui diverge les rayons; et dans le cristallin, un corps réfringent de la propriété des prismes dont la plus forte masse les converge, il me semble que la présente théorie (théor. 8.) nous fournit des lumières suffisantes pour expliquer la véritable cause d'une telle sentation, indépendamment de la couleur supposée de l'air.

Ceux auxquels on a extrait ou abaissé le cristallin par l'opération de la cataracte, affirment que l'azur des monts lointains et du ciel serein leur paraît alors blanchâtre.

7 et 8, sont très-nombreuses et très-faciles. On en fait une en buvant un verre d'eau limpide, porté sur une assiette blanche qui, dans le tems de l'observation, doit être placée dans un champ obscur, à la distance d'un mètre du fond du verre de cristal, de manière qu'on puisse voir en buvant la circonférence de l'assiette. Dans ce cas, la lumière réfléchie par l'assiette blanche, se répand vers le champ obscur (théor. 9.), et ce faisceau de lumière qui investit l'œil de l'observateur, se réfrange vers la plus grande masse d'eau, ou vers la perpendiculaire (théor. 1.). Cette plus grande masse en raison de l'inclinaison du verre, et relativement à la section de la visuelle, se trouve du côté de celui qui boit, et il s'y effectue deux aberrations analogues du même côté, qui lui font voir le tour de l'assiette blanche, orné de jaune et d'orangé; et vers l'autre partie de l'assiette, deux aberrations opposées, de sorte qu'il y voit le bleu et l'indigo. (10)

---

(10) En observant à ciel ouvert, et à la distance de sept mètres au moins, la lumière qui passe près des bords inférieurs d'une croisée ou d'une porte, et en tenant un couteau placé horizontalement avec le fil tourné vers le haut, à huit millimètres de l'œil qui observe, (ou avec la partie ronde ou angulaire d'un corps quelconque) de sorte que le faisceau de lumière qui fait le sujet de l'observation, forme une visuelle rasant les confins d'un des bords et du fil du couteau, on voit une légère teinte de couleur orangé : (théor. 7.) en observant les bords supérieurs des vitres de la croisée, de la même manière, on voit une légère teinte bleu clair.

IX.

Lorsqu'on observe avec le prisme tenu dans la même position, c'est-à-dire, avec l'angle réfringent vers la partie inférieure, la réunion de deux aires peintes avec des couleurs totalement différentes, et que la couleur plus faible soit à la partie inférieure (11), celle-ci souffrant une aberration plus forte vers la plus forte masse du prisme, et la teinte moins obscure, ou la couleur moins obscure, commence par se répandre en bas; de là, passant dans le prisme, elle se réfrange en haut vers la plus forte masse, cependant moins que la teinte ou couleur plus faible. (Théor. 3.) Ainsi se combinent trois aberrations perturbées et alternatives, lesquelles excitent la sensation de verd (théor. 9.), couleur la plus homogène à la vue, comme celle qui, étant le produit certain d'une somme de chocs déjà modifiés de manière à porter la sensation de teintes ou de couleurs, et ensuite tempérés par une nouvelle aberration alternée par un nouveau degré de variété qui constitue un puissant attrait plus analogue et plus agréable à la grande délicatesse de l'œil. (12)

---

(11) Si la couleur supérieure ne tranche pas sur l'inférieure, l'expérience ne réussit pas bien, par exemple, un indigo clair sous un bleu clair, ne produira qu'un verd de mer, tandis qu'un jaune clair sous un jaune foncé excitera la sensation du verd. Le verd est très-délicat, très-difficile à obtenir; ainsi, lorsqu'on emploie deux teintes noires, il faut qu'elles soient très-faibles.

(12) Il est assez difficile d'expliquer ce qui se passe dans

X.

En observant les côtés perpendiculaires des aires déjà indiquées, tant qu'on tient le prisme parfaitement horizontal, les rayons réfléchis vers ces côtés n'éprouvent point d'aberration perturbée dans sa réfraction ou inégalité de masse, et ainsi n'excitent point sensation de couleur (théor. 4.); mais pour peu qu'on incline le prisme d'un côté

---

l'organe de la vue, lorsqu'il est stimulé à exciter la sensation qu'on nomme *coloration*. Cependant on peut hasarder quelques conjectures qui portent une apparence de probabilité. Les molécules sphériques qui composent un rayon de lumière, considérées dans leur principe, affectées du seul mouvement progressif, seront indéterminées à tourner d'un côté plutôt que de l'autre, jusqu'à ce qu'elles éprouvent uniquement l'égalité du milieu diaphane dans lequel elles sont vibrées ou mises en action. Mais si elle est interrompue par quelque cause survenante, propre à les dévier du moins au plus de leur direction première, leur mouvement progressif supposé, se développera en partie et proportionnellement aux mouvemens d'attraction ou des retards partiels soufferts en mouvemens de rotation : c'est ainsi que dans les fleuves tranquilles un fil d'eau rasant les rives, perd égalité de mouvement, devient tortueux, et répond aux chocs du rivage inégal Ceci posé, il n'est pas invraisemblable qu'un faisceau de lumière souffrant les modifications indiquées, doit cesser de frapper l'organe de la vue par des chocs directs et pénétrans, et qu'il y excite seulement la sensation qui correspond aux frottements attrayans du mouvement de rotation développés dans les particules de lumière qui le composent, sensation agréable dans le délicat à laquelle peut-être nous appliquons avec des phrases relatives au sens de la vue, le nom de coloration dont les variations sont soumises aux liens précis des trois lois que j'ai déja fidellement indiquées.

ou d'autre, la coloration des zones inférieure et supérieure se manifeste aussitôt, leurs couleurs passant et s'alternant de droite à gauche en raison des dérangemens du prisme, coloration d'autant plus foncée ou plus faible, que l'inclinaison du prisme est grande, parcequ'à son inclinaison correspond une section d'autant plus inégale de masse et une aberration de lumière proportionnellement plus grande. (13)

XI.

Pour délivrer, avec cette théorie, les physiciens sensés, non-seulement des fausses idées qu'on a eues jusqu'à présent du spectre solaire, mais pour leur éviter aussi des équivoques en examinant les choses trop superficiellement, je pousse mes recherches dans ce difficile mystère de la triple coloration dont sont ornées les zones des couleurs de deux aberrations analogues, comme celles de deux aberrations opposées, afin de découvrir si cette variété s'opère par sauts dans le même instant, ou bien successivement, et quelle en est la cause.

---

(13) En adoptant cette théorie, on donne facilement raison des ombres colorées dont parle Buffon dans l'Encyclopédie article *couleurs accidentelles*, ombres qu'ils avaient observées (et avant lui Léonard de Vinci) au lever et au coucher du soleil, lorsque l'atmosphère était chargée de vapeurs, dans ce cas, comme dans d'autres, lorsqu'un rayon solaire réfléchie éclaire un corps, toutes les ombres (sur-tout dans un lieu peu clair) sont ordinairement colorées, les cordons des sonnettes suspendues le long des murs blancs, la main approchée des corps blancs nous en donnent tous les jours des preuves.

J'observe avec un prisme, dont l'angle réfringent est vers la partie inférieure, un quarré blanc de deux centimètres en longueur et en largeur, sur un fond noir, le prisme posé sur ce quarré, ou à peu de distance, ne me fournit aucune coloration, parce que la première aberration de la lumière réfléchie du blanc sur le noir n'a point lieu.

En éloignant le prisme, on commence à voir, presque dans le même instant, deux zones colorées jaune, orangé et rouge à la partie supérieure, bleu, violet, indigo à la partie inférieure. Je dis presque dans le même instant, parce qu'aussitôt que la lumière réfléchie du quarré blanc a souffert les aberrations nécessaires vers le champ noir, suffisantes pour exciter les sensations de couleur rouge très claire dans la partie supérieure, et de violet assez clair dans l'inférieure, elle ne cesse point de s'étendre autant que le comporte sa grande vélocité : ainsi ce rouge, qu'on peut nommer premier degré d'aberration de lumière non colorée de la partie supérieure sur le noir, comme le violet, celui de la lumière non colorée de la partie inférieure, donnent lieu à la lumière survenante de se répandre elle-même, non sur le noir, mais sur le rouge et sur le violet, et se teint en orangé très-clair dans la partie supérieure, et en indigo assez clair dans l'inférieure. Les mêmes causes d'expansion continuant, les mêmes effets continuent aussi, et la pure lumière survenante se répand non sur le noir, ni sur le rouge, ni sur le violet, mais sur l'orangé et sur l'indigo de la force citée; et se teint en jaune pâle vers le haut, et en bleu laiteux vers le bas. (14)

Couleurs qui s'augmentent toutes ensuite, et forment leurs dégradations en se répandant plus fortement, phénomène qu'on comprend assez facilement en réfléchissant que la quantité de mouvemens de projection excitée dans les particules de lumière, à fur et mesure qu'elles sont soumises et continuent d'obéir aux causes déviatrices indiquées, diminuent, et consequemment restent plus faibles et plus déviables. De là, ce même jaune pâle devient successivement jaune foncé (15), orangé et rouge; et perdant aussi le degré de vélocité requis pour exciter la sensation de lumière colorée,

---

(14) Pour s'assurer que les particules de lumière de couleur rouge excitent dans ce cas, les sensations d'orangé et jaune, et que le violet éveille les sensations d'indigo et de bleu, il suffit d'observer avec le prisme la partie inférieure d'un carré teint en rouge, et la partie supérieure d'une aire violette sur un fond blanc.

(15) En observant avec un prisme dont l'angle réfringent est tenu vers le bas, le bord inférieur d'une aire jaune sur un fond blanc la lumière vigoureuse réfléchie du champ blanc, commence à se répandre sur le jaune et souffre un dégré d'aberration qui excite la sensation de jaune clair: cette même lumière déja modifiée coutinue ensuite à se répandre jusqu'à ce que ses forces se trouvent en équilibre avec celles de la lumière réfléchie du champ jaune; cas dans lequel si elle était dirigée aussi à l'œil de l'observateur, comme celle du champ jaune, elle exciterait la sensation d'un jaune sem-

il se confond avec le noir. Qu'on dise la même chose pour le bleu laiteux, et pour toutes les autres couleurs en état d'expansion. Ceci étant, on comprend que la triple coloration qui orne les zones des couleurs les plus vigoureuses, autant que celle des couleurs plus délicates ne se forment point par bonds, mais successivement, et qu'elles en sont débitrices non-seulement au principe, ou au premier degré d'aberration, mais encore à la continuation de celle-ci, et en proportion à la résistance plus ou moins forte que la nouvelle lumière survenante, directe ou réfléchie, rencontre pour se répandre. (Théor. 12)

XII.

En fixant le prisme à la distance de quelques millimètres du quarré blanc sur un fond noir, et en s'éloignant peu à peu jusqu'à deux mètres de distance, sans toucher au prisme, tenant toujours l'œil fixé vers la lumière réfléchie du quarré, et réfractée par le prisme, on ne voit aucune altération de couleur, ni augmentation dans ses zones colorées. (16)

---

blable; mais comme avant de s'y diriger elle souffre un nouveau dégré d'affaiblissement dans la réflexion à laquelle elle doit se soumettre pour être vue, et ainsi elle se montre teinte d'un jaune plus foncé que celui du quarré jaune meme, sur la quelle la pure lumière du champ blanc s'est déjà modifiée le meme effet a lieu sensiblement avec le rouge et l'orangé.

(15) On peut répéter cette expérience dans la chambre

Mais

Mais lorsqu'on se rapproche du quarré, et qu'on s'en éloigne de nouveau en emportant le prisme à peu de distance, et aussitôt que la lumière réfléchie du quarré blanc a lieu de se répandre plus fortement sur le champ noir, les zones colorées s'étendent autant en haut qu'en bas, et se joignent sur le quarré blanc. Le jaune se rompt et se répand sur le bleu (théor. 3.) avec lequel formant une triple aberration alternée, il excite l'agréable sensation de verd (théor. 9.) et à la distance de six ou sept mètres, le quarré blanc qui, peu loin du prisme, était presque inutile, excite dans l'œil de l'observateur la sensation d'un phénomène presque semblable à celui du spectre solaire, sans cependant avoir sa vivacité, parce qu'il est fourni par une source plus pauvre.

Mais en tout ceci on ne peut nier l'influence décise des grandes aberrations de la lumière sur le noir et sur les causes successives d'aberration plus faibles, déja indiquée dans le précédent §. XI. C'est donc à celles-ci, unies à la réfraction prismatique (qui est aussi le résultat d'une aberration perturbée) que doit être attribué le phénomène de la triple coloration des zones, avec celui de l'imitation du spectre solaire formé avec la simple lumière réfléchie.

---

obscure en substituant au quarré blanc le trou fait à la fenêtre; dans ce cas, la lumière réfrangée par le prisme se répand sur les ténèbres de la chambre obscure, et plus l'observateur s'éloigne du prisme, plus aussi la coloration s'étend.

XIII.

Il est intéressant de démontrer ici que ce spectre imité résulte de la combinaison de la zone ou série des couleurs jaune, orangé, rouge, avec celle des couleurs bleu, indigo, violet. Les couleurs moins réfractées et conséquemment plus vigoureuses sont celles qui restent vers le milieu du quarré blanc, c'est-à-dire, le jaune et le bleu, que j'appellerai couleurs *médiaires* du spectre solaire imité. Et nous considérerons comme dernières couleurs celles qui étant plus réfractées, sont conséquemment plus faibles et qui, étant loin du quarré, se confondent avec le noir, c'est-à-dire, le rouge et le violet. J'appellerai couleur mixte le verd resultant de la combinaison des couleurs médiaires.

J'entreprends maintenant mes expériences sur les cinq couleurs principales, isolées du véritable spectre solaire, pour confronter les altérations qu'elles souffrent et en examiner les résultats.

XIV.

En examinant à deux mètres de distance un quarré ou aire rouge (17), dernière couleur de deux aberrations analogues d'un centimètre dans tous les sens, placé sur un fond noir, et toujours observé avec le prisme dont l'angle réfringent est tour-

---

(17) On a taché d'imiter autant que possible, les couleurs du véritable spectre solaire, en choisissant les cinq couleurs qui y correspondent, rouge, jaune, verd, bleu, violet.

né en bas. En forcant la réfraction par la plus grande inclinaison possible du prisme, cette couleur concentrée en partie, présente les résultats de rouge radical, rouge clair, et verd. (Tableau 1er.)

XV.

Un quarré de couleur jaune, (médiaire de la série de deux aberrations analogues) (18) réfractée comme ci-dessus, présente les résultats de rouge clair, orangé, jaune radical, et verd. (Tableau 1er.)

XVI.

En réfractant de même, un quarré verd (produit des couleurs médiaires combinées, ou résultat d'une triple aberration alternée) présente le rouge, le jaune, le bleu, le violet. (Tabl. 1er.) (19).

XVII.

Un quarré bleu (couleur médiaire de la série des couleurs de deux aberrations opposées) réfracté dans le même mode, présente les résultats de rouge, orangé, verd clair jaunâtre, bleu radical, violet. (Tableau 1er.)

---

(18) Je me borne à annoncer les résultats sans en indiquer les causes qui se dévoilent d'elles mêmes en comprenant cette théorie. etc.

(19) Qu'on observe que dans cette expérience le verd radical qu'on y soumet ne se montre point, parce que, souffrant des aberrations nouvelles dans cette nouvelle réfraction, l'ordre alterne dans les déviations nécessaires pour exciter la sensation de verd, (Théor. 9.) étant altéré, la condition cessant le phénomène cesse.

XVIII.

On obtient les resultats de rouge, verd foncé, violet radical, en réfractant un quarré teint en violet, (dernière des couleurs de deux aberrations opposées.) (Tableau 1er.)

L'abstraction du physicien de Plaisance, ces mots durs et nouveaux qu'il faut nécessairement créer pour le traduire, les expériences qu'il indique et que je viens de répéter avec lui, m'ont fatigué le moral et le physique; tu peux seul me faire trouver une douce compensation de mes travaux, et tu devines assez que ton ami n'exige d'autre récompense que ton sincère attachement et le vif desir de t'instruire sans cesse. Adieu.

LETTRE VINGT-UNIÈME.

Coloration de la lumière directe.

Après t'avoir ouvert une nouvelle carrière en optique, celle de la coloration de la lumière réfléchie, ignorée jusqu'à M. Barattieri, je vais suivre ce savant dans ses expériences sur la lumière directe.

XIX.

Transportons-nous dans une chambre obscure, pour examiner la coloration de la lumière directe, en partant toujours des mêmes principes. Un trou de cinq millimètres de diamètre, par lequel on introduit dans la chambre obscure un rayon solaire, remplace le quarré ou aire blanche dont je me suis servi dans les expériences précédentes, §§. XI et XII, et l'obscurité de la chambre correspond au fond noir.

Le prisme doit être, comme auparavant, couvert de noir sur une de ses faces, et toujours situé avec l'angle réfringent vers le bas. J'indiquerai les cas où l'on doit le tenir différemment. Comme on doit observer les couleurs réfrangées par le prisme, et réfléchies par une tablette blanche sur laquelle on les reçoit à une distance convenable, il faut se persuader qu'on les voit renversées.

XX.

En observant avec le prisme à l'œil le trou de

la fenêtre de la chambre obscure, lorsqu'il est investi par un rayon solaire qui a perdu une partie de sa splendeur au travers de quelque nuage, au point de pouvoir être fixé sans que la vue en soit offensée. On apperçoit la zone des couleurs jaune, orangé et rouge à la partie supérieure (théor. 7.), où j'ai supposé que se trouvait la plus forte masse du prisme; et celle du bleu, indigo, violet en bas, c'est-à-dire, vers l'angle réfringent du prisme. (Théor. 8.) Le même effet a lieu lorsqu'on observe de cette manière le disque lunaire pendant une belle nuit, ou la flamme d'une chandelle; tandis que sur la tablette blanche dans les trois cas adoptés (circonstance qu'on doit bien noter), on voit le champ éclairé peint en sens contraire, c'est-à-dire, la zone du jaune, orangé, rouge à la partie inférieure, et celle du bleu, indigo, violet à la partie supérieure. (20)

XXI.

Après cette explication, je présente au rayon

---

(20) Les objets observés directement malgré l'interposition du trou de la fenêtre, ou celle du prisme, sont vus par l'intermède des rayons directs et divergens qui les représentent toujours comme ils se trouvent : ceux qu'on observe, réfléchis par un carton après l'interposition indiquée, sont vus par le moyen des rayons convergens (l'extension de la partie supérieure de l'image réfléchie par la tablette blanche ou carton, correspond à la partie inférieure de l'objet, comme celle que la partie inférieure réfléchit correspond à la partie supérieure de l'objet) ce qui fait que dans ces cas les images réfléchies sont toujours vues renversées.

convenablement réfracté par un prisme équilatéral, un carton blanc à la distance d'un centimètre, et je vois qu'il réfléchit une lumière semblable à celle du quarré blanc dont j'ai parlé, §. XI, et dont les bords inférieurs et supérieurs sont, comme nous l'avons vu, ornés de deux zones *tricolorées*, avec la différence que je viens d'indiquer, que la série des couleurs de deux aberrations analogues, jaune, orangé, rouge, se trouve en bas, et que celle de deux aberrations opposées, le bleu, l'indigo et le violet se trouve en haut.

XXII.

En situant deux cylindres perpendiculaires entre le prisme et le trou de la fenêtre, avec leurs extrémités prolongées dans le rayon qui va investir le prisme comme dans le (§. VII.). pour la lumière réfléchie, on les voit dans le champ éclairé par le rayon réfrangé recueilli sur un carton blanc à trois centimètres du prisme, ornés des couleurs des zones *tricolorées*, avec la différence déjà indiquée.

XXIII.

En s'approchant avec le carton blanc, à trois centimètres de distance du prisme, pour s'éloigner ensuite avec les mêmes précautions que dans le (§.XII.) les zones colorées des bords supérieurs et inférieurs du fond éclairé, réfléchies par le carton, s'étendent autant en haut qu'en bas, et se joignent. Le jaune uni au bleu, comme dans les expériences de la lumière réfléchie, excitent dans l'œil de l'observateur, l'agréable sensation de verd, suivant les raisons déjà données dans le (§. XII.)

XXIV.

On voit le spectre solaire dans toute sa pompe, lorsqu'on s'éloigne avec le carton blanc, à la distance de six mètres; effet qui résulte des aberrations de la lumière directe sur les ténèbres de la chambre obscure, comme la pompe du spectre imité de la lumière réfléchie par le quarré blanc, résulte de ses aberrations sur le fond noir qui l'entoure, dont j'ai parlé dans les §§. XI et XIII. En effet, si, pour s'en assurer, on ouvre une fenêtre de la chambre obscure, de manière à en dissiper l'obscurité tout-à-coup, sans altérer en aucune manière l'appareil du spectre solaire, le violet et le rouge se dissipent aussitôt : il ne reste qu'un rose pâle, un bleu clair, un jaune paille, qui annoncent à peine un embryon et dans d'étroites limites où s'est concentré le spectre qui éblouissait peu auparavant, spectre moins beau que celui qu'on obtient avec la lumière réfléchie, parce que la différence qui existe entre le quarré blanc et le fond noir, est plus grande que celle qui est entre la lumière directe du rayon solaire et la lumière réfléchie par la chambre éclairée. (22).

---

(22) Si les couleurs du spectre solaire diminuent proportionnellement à la diminution d'obscurité dans la chambre obscure, il se trompe celui qui attribue un peu d'obscurité de

XXV.

Le spectre solaire newtonien ou de lumière directe dans la chambre obscure, comme nous avons vu, donne lui-même un produit de l'expansion des zones ou séries des couleurs de deux aberrations analogues jaune, orangé, rouge, et de la zone ou série des couleurs de deux aberrations opposées, le bleu, l'indigo et le violet, sur les ténèbres de la chambre obscure; et dont les couleurs plus vigoureuses sont au milieu du champ éclairé où elles se combinent et se confondent à peu de distance du prisme avec la lumière blanche non colorée; c'est-à dire, le jaune et le bleu, que je nommerai toujours couleurs médiaires. Tableau 2ème. Les couleurs plus faibles qui sont les plus répandues, qui sont les plus extérieures et se confondent avec l'obscurité de la chambre, sont le rouge et le violet que nous nommerons encore couleurs dernières; et le verd qui est le résultat des couleurs médiaires sera toujours appelé couleur mixte. Je choisis cinq couleurs que Newton considère lui-même comme les principales du spectre (23), afin de les attaquer isolées pour en observer les altérations ainsi que je l'ai fait pour la lumière réfléchie.

---

l'appartement la réproduction des couleurs diverses que donne celles du spectre solaire excitent la sensation lorsqu'on les attaque séparément comme je vais l'indiquer dans une seconde chambre obscure avec un second prisme, quand bien même quelque foible rayon de lumière y pénétrerait.

(23) Newton, Opusc. XVIII. p. 185.

Cependant, comme un faisceau de lumière directe est plus vigoureux, plus doué de vélocité qu'un autre de lumière reflèchie, et qu'il obéit plus difficilement aux attractions des corps qu'il investit ou avoisine (24), il est nécessaire d'employer une plus grande quantité d'agens pour obtenir des effets semblables, sans pouvoir en attendre des effets aussi décisifs.

XXVI.

La seconde chambre obscure formée dans la première, et dans la direction du rayon réfrangé à quatre mètres de distance au moins du prisme, reçoit, par un trou rond de six millimètres de diamètre (25), ouvert dans la partie mobile de la division qui forme la nouvelle chambre (26), un faisceau de lumière isolée de la couleur du spectre solaire que je prétends attaquer, lequel passant

---

(24) Lorsqu'un nuage peu dense passe sous le rayon solaira où il est réfrangé par le prisme dans la chambre obscure, comme sa force est diminuée, aussitôt le champ éclairé recueilli à peu de distance du prisme, se dilate sensiblemenr et quelquefois autant que la face du prisme lui-même; et dans ce cas, la longueur du spectre diminue totalement.

(25) Ce trou doit être plus large du double vers la première chambre obscure, si la division dans laquelle il est formé le permet, afin qu'il soit émoussé à angle aigu vers la seconde chambre obscure, et qu'il puisse ainsi mieux servir à l'attraction de la lumière.

(26) Cette partie mobile se forme avec une tablette porta-

par ledit trou, souffre de nouvelles aberrations : je place ensuite un prisme de *flintglass* avec l'angle réfringent tourné vers le haut, c'est-à-dire, dans une position contraire à celle du premier prisme, à la distance de trois décimètres, afin de soumettre la première réfraction à des aberrations contraires. Après avoir exécuté tout cela avec précision, je reçois le faisceau de lumière colorée, réfracté dans la seconde chambre obscure, sur un carton blanc, à la distance d'un mètre au plus, où les altérations sont le plus souvent sensibles, et j'obtiens les résultats suivans.

XXVII.

Le rouge du spectre solaire dans la seconde chambre obscure, présente, si l'on force la réfraction, le rouge radical, rouge clair et verd qu'on reçoit sur un carton blanc. (*Tableau* 2ème.)

XXVIII.

Le jaune réfracté comme le rouge, présente trois couleurs distinctes : le rouge clair, le jaune radical et le verd. (*Tableau* 2ème.)

---

tive qui se hausse et se baisse à volonté, longue de 65 centimètres et large de 32, qu'on présente à une ouverture horizontale de la seconde chambre obscure, large de 32 centimètres et longue de 2 mètres, qui se ferme latéralement à la tablette avec d'autres petites planches portatives qu'on place facilement à droite ou à gauche, où le transport de la tablette l'exige.

XXXIX.

Le vert réfracté présente aussi trois couleurs, l'orangé, le jaune, le bleu. (27) (*Tableau 2ème.*)

XXX.

Le bleu réfracté présente quatre couleurs, l'orangé, le verd, le bleu radical, l'indigo. (*Tabl. 2ème.*)

XXXI.

Le violet réfracté présente cinq couleurs, l'orangé, le verd, le verd obscur, et à une notable distance, l'indigo et enfin le violet. (*Tableau 2ème.*)

XXXII.

Qu'on confronte maintenant les résultats des altérations souffertes par les couleurs de la lumière réfléchie (*Tableau 1er.*), avec ceux de la lumière directe ou du spectre solaire (*Tableau 2ème.*), et on trouvera facilement les analogies recherchées, en accordant cependant quelque degré d'aberration plus fort aux rayons réfléchis, à cause de leur faiblesse : si les effets sont analogues, les causes auxquelles ils correspondent, doivent l'être. Ainsi, la coloration de la lumière directe dépend des simples aberrations, comme celle de la lumière réfléchie; aberrations que j'ai déjà sévèrement scrutées dans les opuscules que j'ai publiés à ce sujet et dont celui-ci sera l'abrégé.

---

(27) Le verd s'évanouit comme dans la lumière réfléchie (§. 16) variation qu'on n'observe que dans cette couleur.

XXXIII.

Mes observations m'ont forcé d'adopter une nouvelle optique où les molécules homogènes de la matière lumineuse se présentent à l'entendement totalement dépouillées d'illusions, sans splendeur, sans couleur et sans variété de configuration, nageant dans un libre et vaste espace, douées d'une grande élasticité, d'une grande aptitude aux mouvemens de toute espèce, promptes aux attractions, soit passives ou actives de tous les corps auxquels nous devons en général mille charmes, et en particulier, tous ceux qui sont relatifs à l'organe de la vue, duquel ils sont l'ame et les délices (aspect sous lequel je les ai contemplées dans cet abrégé de ma Théorie). Ces molécules annoncent à cet organe la présence de leur moteur, par des chocs simples, directs, aigus et pénétrans; par les réfléchis, elles indiquent d'où elles viennent; par leur quantité, les distances des objets; par leur plus grande force relative, les éminences, les angles saillans; par la faiblesse, les ombres, les abaissemens, les angles rentrans, et enfin la figure des corps. Toutes les molécules de la lumière peuvent exciter également l'agréable sensation de toutes les couleurs, pourvu que, moyennant les aberrations opportunes (théor. 6.), elles combinent leur mouvement direct avec le mouvement de rotation dans les trois divers modes que j'ai déjà indiqués (théor. 7, 8, 9.). C'est ainsi que les molécules homogènes, dites sonores, mises en mouvement par les vibrations des cordes différentes en tension et en diamètre, modifiées et repoussées par des instrumens harmonieux, s'envolent en tournant vélocement, dans la solitude silencieuse de l'air atmosphérique, par les mêmes routes que la lumière, se présentent à l'oreille qui les rassemble en ordre, y excitent un mouvement concerté, et élèvent la sensation d'une agréable harmonie; découvertes qui nous conduisent, pour ainsi dire, à surprendre la nature détrempant les couleurs dans la pure lumière, et occupée au grand travail d'en former trois séries primitives différentes, avec les touches diverses d'un inimitable pinceau.

C'est ainsi, mon ami, que le physicien de Plaisance termine l'abrégé de sa théorie. Il y a joint quelques objections contre celle de Newton; elles seront le sujet de ma prochaine lettre. Tu me parles avec une respectueuse admiration du célèbre Hallé dont tu suis les leçons; tâche d'avoir son avis sur cette nouvelle optique, son jugement sera impartial, et nous pourrons, sans risque d'erreur, le suivre dans son choix entre les deux systèmes.

Il est temps de finir, car, en te parlant de la lumière, je m'apperçois que l'immensité n'est éclairée que par celle qui nous vient de ces soleils infinis dont on ne peut déterminer avec précision la grosseur, ni calculer l'éloignement. Minuit sonne, je vais m'endormir l'ame remplie d'aberrations, de couleurs et sur-tout de toi. Adieu.

LETTRE VINGT-DEUXIEME.

Choix de quelques propositions de la théorie newtonienne de luce, et coloribus, *que M. Barattieri confronte avec ses opinions pour en montrer la diversité et donner lieu en même temps à celui qui desirerait les approfondir, de juger impartialement des équivoques de la première, ou des erreurs de la seconde.*

L'AUTEUR de la nouvelle théorie, qui n'a pu réussir à me rendre son sectateur, voit tous les jours avec combien de générosité les newtoniens agissent, puisque je te communique ses idées sans les altérer, et sans me permettre jusqu'ici la moindre réflexion. Il faut avouer aussi, que ma retenue doit être attribuée principalement au défaut de mes connaissances, qui sont trop insuffisantes pour attaquer un système savant, que je ne puis cependant adopter parce qu'il n'est point applicable aux grands phénomènes que nous observons, et parce qu'on doit toujours préférer celui qui est le plus clair et le plus évident.

Continuons à le suivre dans ses objections contre l'optique de Newton.

LECTIONES OPTICAE (28) *PARS PRIMA.*

---

(28) Isaaci Newtoni opusc. à Joh. castill. tom. 2 Genève

A

A. . . *Invenio quòd radii maximè refracti colores purpureos producant, et ita minimè refracti, rubros, ètc.* pag. 77.

La supposition que les rayons moins réfractés excitent la sensation des couleurs rouges, et les plus réfractés celle des pourpres, démontre qu'on s'est trompé en jugeant de quelle manière le rayon solaire se réfrange, parce que si on parle du faisceau de lumière qui est touché de l'aberration passive du prisme, il est certain que les rayons plus fortement réfrangés, comme on le verra ensuite en examinant la troisième proposition, excitent la sensation des couleurs rouges, et non des pourpres, et les moins réfractés, celle des pourpres et non des rouges. Si on parle des rayons sortis du prisme, qui se répandent avec aberration active sur les ténèbres de la chambre obscure, il est hors de doute que la couleur pourpre et la couleur rouge, sont constamment plus déviées que les autres du chemin direct de la lumière sortie du prisme. (§§. XI, XII, XX, XXIII, XXIV.) Ainsi, on ne peut soutenir dans le sens exprimé, la proposition newtonienne indiquée.

B

B. *Invenio scilicet quòd modificatio lucis undè coloris originem sumunt, luci connecta sit, et non oritur à reflexione, neque à refractione, neque à qualitatibus corporum, aut modis qui bus libet, etc* pag. 184.

pour

Pour avoir le droit d'affirmer que la modification de la lumière, de laquelle les couleurs prennent origine, soit innée et annexée à la lumière même, il faudrait s'appuyer sur quelque circonstance non équivoque, dans laquelle on verrait les couleurs indépendamment des aberrations perturbées, ou des opportunes réfractions de la lumière; mais cette circonstance est encore inconnue: on ne peut donc soutenir encore la proposition ci-dessus. Newton lui-même (page 201) nous enseigne qu'en appliquant un papier avec six trous ou plus à distance égale, sur une des faces du prisme, on voit que chaque trou présente un spectre solaire sur le carton opposé à une petite distance: on peut ajouter que les mêmes rayons qui passant, par exemple, par le point x du côté du prisme non encore couvert, iraient exciter la sensation de jaune ou de bleu, se montrent rouges ou violets lorsqu'il est couvert de la manière indiquée; donc les mêmes rayons diversement modifiés, changent de couleur aux yeux de Newton même; la coloration n'est donc qu'une propriété acquise par la lumière, et non une propriété innée. §§. I, II, III, IV, VI.

C

Adeòque radii, prout sunt plus plùsque refrangibiles, apti sunt ad hoc ordine colores, rubrum, flavum, viridem, cæruleum et violaceum generandos, etc. pag. 185.

Newton suppose que le degré de réfrangibilité

des couleurs mentionnées est successif : il se sert même de la figure du spectre solaire, pour l'indiquer plus clairement, et c'est ainsi qu'il s'exprime... *Imago illa ut vulgum notum est, coloribus tingetur, quorum, rubeus ad extremitatem T, a recto cursu minùs deviantem*, et purpureus, *ad alteram procliviorem extremitatem* P *procidet!.. constat itaque quòd radii minimè refracti ruborem, etc.* page 187. Il y a erreur en ceci comme on l'a déjà remarqué en examinant la première proposition (§§. XI, XXIII). Déduisons de ceci que, comme le spectre solaire coloré est toujours vu renversé lorsqu'il est réfléchi par la tablette ou par le mur (vérité qui dans ce phénomène n'a jamais intéressé l'attention des physiciens), que la couleur plus déviée de la ligne droite, et conséquemment la plus réfrangée, est le rouge et non le pourpre, comme je l'ai déjà dit dans l'objection à la première proposition.

D

Invenio prætereà, quòd nullius radiorum generis forma, sive dispositio colorifica, vel refractione, ve aliâ quâcunque (quam potuerim animadvertere) causâ mutari potest; sed unicum tantùm sibi proprium colorem unumquodque semper conservat et exhibet, etc. page 185.

Il résulte de mes expériences faciles, qu'en déterminant le même faisceau de lumière, plutôt à des aberrations perturbées analogues, qu'à des aberrations opposées, il se modifie diversement et excite plutôt la sensation d'une série de couleurs que de l'autre (§§. V, VI, IX); il résulte encore, qu'un rayon quelconque de lumière réfléchie ou directe, et quelle que soit sa disposition colorée, en plein jour dans le premier cas, et dans une seconde chambre parfaitement obscure dans le second (expérience qui n'avait jamais été tentée), se modifie par la réfraction prismatique, et excite dans l'organe de la vue la sensation de diverses couleurs. (§§.XIV,XV,XXVII,XXVIII). Ainsi, l'assertion contraire tombe totalement.

E

E prœostensis constat, figuras, ex quibus in longum dispositis imago T. P. (Opusc. 18, tab. 16, fig. 72.) *componitur, circulares esse propter solis discum circularem, et indè, si discus ille triangularis esset, vel aliâ quâcunque non circulari perimetro terminatus, illœ etiam figurœ, vel triangulares, vel alio quovismodo ad instar solis terminatœ evaderent, etc.* pag. 197.

En formant le spectre solaire dont parle Newton, avec des rayons de lumière sortis d'un prisme horizontal en couches rectilignes et parallèles; rayons qui se répandent sur les ténèbres de la chambre obscure, sur les naissantes couleurs successives tant en haut qu'en bas, on ne peut admettre dans l'image spectre solaire, que deux séries idéales de figure demi-circulaire, dont une appartient aux couleurs, jaune, orangé et rouge;

l'autre aux couleurs bleu, indigo, violet, sans cependant exclure le verd, qui est le résultat du jaune qui se mêle au bleu, et ces figures demi-circulaires avec indépendance absolue de la forme du disquesolaire : en effet, si l'on observe en plein jour, avec le prisme à l'œil à la distance de trois mètres, une petite aire blanche quadrilatère sur un fond noir, on voit un spectre solaire imité, plus étroit, et plus court de moitié que le véritable spectre solaire, mais d'une forme absolument semblable, sans qu'il ait cependant une origine circulaire. (§§. XI,XII,XXIII,XXIV.)

F

Tertiò invenio quòd color albus, et niger, unà cum cinereis, seu fuscis intermediis, fiunt ex radiis cujusque speciei confusè mitis, etc. pag. 185. . . . . . *Cùm omnes omninò colores quos prismata generant, debitè commiscentur, albedo exindè resultabit,* etc. pag. 199, 200.

Les rayons d'une espèce quelconque, qui n'ont point souffert deux aberrations perturbées, confusément mêlées ou non, n'excitent jamais sensation de couleur (théor. 4.5.) (§. I.), qu'on peut obtenir avec trois prismes, à la distance d'un mètre, une force de lumière réunie (dans le milieu seulement du spectre central, comme Newton l'indique, page 199, tab. 15. fig. 75.) qui suffit pour exciter une sensation assez vigoureuse dans l'œil, peu dissemblable du degré de force avec lequel agit le rayon non modifié, qu'on nomme *blanc*; dans une supposition contraire, je le nie. En effet, comment Newton entreprend-il l'expérience nécessaire pour obtenir la blancheur produite par les rayons ou couleurs prismatiques? Il veut que les ouvertures par lesquelles la lumière entre soient grandes, et il n'est plus nécessaire qu'on fasse cette expérience dans les ténèbres; *aperturæ, per quas lux transmittitur trans prismata, debent esse magnae; imò convenit, ut transitus luci per tota prismata pateat, obstaculi nullo adhibito, neque opus est, ut experimentum in tenebris peragatur*, etc. pag. 199.

Pourquoi tant d'indulgence dans ce cas, puisqu'il est si rigoriste dans un autre où on attaque une couleur simple? *Si quis ad severius examen revocare velit id quod in propositionibus tertiâ et decimâ tertiâ asserui, quòd scilicet color quivis simplex nullo pacto mutari potest, sciat omninò opus esse, ut cubiculum sit per quam obscurum, ne qua lux per illud dispersa, sive colori immiscens, illum contra tentatis vota, disturbet, componat, corrumpat*, etc. pag. 293. On craint dans cette seconde circonstance, que la lumière, quoique mêlée et confusément répandue dans la chambre, c'est-à-dire, avec tous les droits de blanchir que Newton lui accorde, ne jette des teintes hétérogènes sur une couleur isolée: on espère qu'elle les absorbe, ou les efface dans la première: or concluons qu'il y a encore de l'équivoque dans cette proposition, qui, pour avoir l'apparence de vraie, a besoin de se soustraire aux lois générales, même à celles que l'auteur recommande dans les expériences de précision.

Excerpta ex Transactionibus philosophicis regiae Societatis londinensis, opusculum XIX.

G

Lux constat ex radiis, quarum alii aliis magis refrangibiles... lux ipsa est mistura quædam heterogenia composita ex radiis diversè refrangibilibus, etc. pag. 283.

L'inégalité sensible de réfrangibilité, non moins que l'hétérogénéité des rayons de lumière pour ce qui regarde la coloration, sont des noms vides de preuves. On démontre au contraire qu'ils sont tous susceptibles de modifications égales, et que dans les mêmes circonstances, ils sont tous (isolément) propres à exciter la sensation de toutes les couleurs. §§. V, VI, VII, indiquées aux tableaux 1 et 2.

H

Hisce perspectis, patet quâ ratione colores prismate excudentur, cùm enim ex radiis lucem incidentem conflantibus ii, qui colore differunt, proportionaliter etiam refrangibilitate différent, inæqualis illorum refractio debet eos segregare, et in oblongam figuram deducere ordinatâ quadam serie terminatâ, hinc à coccineo minimè omnium maximè refrangibili, etc., page 289.

Le jaune et le bleu, l'orangé et l'indigo, le rouge et le violet dans la réfraction du spectre solaire, se trouvent à des distances presqu'égales du chemin direct de la lumière sortie du prisme ; et conséquemment à un degré presque semblable de réfrangibilité : mais la différence de leurs couleurs est grande ; donc la première assertion ne subsiste plus sous ce rapport. L'alongement de la figure du spectre solaire dépend non-seulement de l'inégalité de masse que le prisme présente aux rayons également réfrangibles qui le traversent (§.X), mais encore de l'aberration subséquente de la lumière sortie du prisme qui se répand, autant en haut qu'en bas, sur les ténèbres de la chambre obscure, et non vers une seule partie; d'où l'on peut déduire, sans rappeler même l'équivoque de la troisième proposition, que le rouge est la première couleur, et le violet la dernière. Ceci posé, la seconde assertion est détruite. (§§.XXIII. XXIV.)

I

Omne id quod per prisma respicitur coloratum apparet, etc., pag. 289.

Rien de tout ce qu'on observe avec le prisme à l'œil ne paraît coloré, si la lumière n'a pas souffert antérieurement une aberration perturbée (29); on voit donc que cette assertion est erronée. (§.I.)

---

(29) Dans l'extension totale du champ prismatique il faut prendre garde de ne pas confondre la réfraction du rayon qui

Newton dans sa lettre à la Société royale de Londres, où il présente un abrégé de sa théorie de la lumière et des couleurs, s'exprime ainsi....... *Quæ si quis è regia Societate prosequi volet, quo successu id fecerit scire peropto, ut, si quid vitiosum, aut huic narrationi contrarium videatur, occasionem habeam aut accuratiùs indicandi quid circa hanc rem faciendam sit, aut errores, si in aliquos incidi cognoscendi.*— pag. 294. En dévoilant la différence des résultats sur la même matière, j'ai secondé les vœux de cet immortel auteur. Je renoncerai à mes opinions, si on me prouve que je me suis écarté de la vérité que j'ai cherchée ; il appartient à ses sectateurs d'indiquer plus clairement ce qu'on doit faire pour justifier les équivoques que j'ai relevés, ou bien à les reconnaître pour tels, en secondant de cette manière les intentions honorables de leur grand maître, et qu'ils classeront leurs idées parmi les erreurs que le vrai philosophe doit rejeter malgré le cri de l'amour-propre.

Je serais à la fin de mes travaux sur la lumière, que j'entrepris avec tant de plaisir pour te satisfaire, si je ne voulais te communiquer quelques

---

passe dans le prisme, avec l'aberration perturbée que souffre antérieurement cette lumière qui passe à côté des angles, ou des limites du prisme lui-même. Newton a fait la même observation. — *Cavendum est, ne colores per limites prismatis* A a, *vel* C c, *generata hbeantur progeneratis à limite* G g, pag 237.

réflexions

réflexions sur la théorie précédente. Je t'enverrai aussi les tableaux des altérations que les cinq couleurs éprouvent ; un autre où j'ai fait peindre les aires ou quarrés qui te sont nécessaires pour répéter les expériences du physicien de Plaisance.

Nous touchons au moment de ne plus parler des sciences... Mais nos lettres n'en seront pas moins longues, l'amitié saura toujours les embellir de l'expression des sentimens que je t'ai voués pour la vie. Adieu.

LETTRE XXIIIème ET DERNIERE.

Réflexions sur la théorie précédente.

Oui, mon ami, je pense, comme toi, que cette théorie sur la lumière n'est pas sans mérite ; mais je ris de ton enthousiasme, sans cependant te blâmer ; j'aime ces vifs transports qui annoncent le génie qui nous porte vers les sciences naturelles, et qui nous rend tout familier.

Mais qu'il est dangereux quelquefois de se laisser entraîner par les élans de l'imagination ! qu'ils sont futiles ces grands systêmes qui captivent un instant l'ame par des suppositions que nous prenons pour la vérité ! La raison qui n'épargne rien, la raison qui fane les fleurs dont on veut masquer les sciences naturelles, nous fait bientôt appercevoir et rejeter toutes les erreurs que nous avons adoptées.

Est-il un esprit plus vaste que celui de Descartes? quel homme sut comme lui établir entre ses idées une telle connexion, qu'on ne peut s'empêcher de les croire vraies? On s'enthousiasme pour lui; les plus savans hommes de son temps se firent une gloire d'adopter, de défendre ses idées.... Newton parut, Newton parla, et ce grand confident de la nature prouva sévèrement que le philosophe français n'avait écrit qu'un roman. Buffon, qu'on n'a pu contredire, Buffon dont l'immortel génie embrassa tout, s'abandonna entièrement au délire d'une imagination féconde en hypothèses, et il arracha, pour ainsi dire, des ailes du temps la plume dont il écrivit les époques de la nature.

Je n'entreprendrai pas de juger les opinions de M. Barattieri; sans doute les grands maîtres s'en occuperont, alors nous saurons s'il explique mieux que Newton le grand phénomène de la coloration.

Cependant je me permis quelques objections contre cette théorie, lorsque son auteur avait la bonté de répéter avec moi les expériences qui l'appuient.

Vous attribuez, lui dis-je, aux *aberrations perturbées analogues ou opposées*, que les rayons lumineux éprouvent la sensation de toutes les couleurs. Ce moyen sans lequel, suivant vous il n'est point de coloration, n'est à mon avis qu'une séparation des rayons colorifiques; c'est, si je puis le dire, une manière de réfranger la lumière que nous ignorons encore. Ainsi, lorsque dans vos expériences sur la lumière réfléchie, j'apperçois les deux zones colorées, je dis que des rayons déjà affaiblis par plusieurs réflexions, se brisent, se réfractent sur la lame de couteau, ou sur le corps que je mets au-dessus, au-dessous, ou même obliquement sur mon œil.

Quant aux expériences que nous venons de faire sur la lumière directe, pardonnez ma franchise, je les crois infidelles; la prévention d'auteur, le desir de trouver la vérité vous aveugle peut-être, tandis que mon attachement aux idées newtoniennes, me rend extrêmement clair-voyant.

Dans des expériences délicates, il faut, autant qu'on le peut, laisser aux corps naturels qu'on analyse, toutes leurs qualités. Ainsi, quoique la différence soit petite, je voudrais que le rayon torturé tombât directement sur le prisme, et non sur le miroir qui le transmet par réflexion.

Pourquoi placez-vous le prisme avec l'angle réfringent en bas, et dans un sens contraire dans la seconde chambre obscure.

Votre *chambre obscure* ne l'est pas du tout, il n'est donc pas étonnant que les rayons isolés offrent différentes couleurs qui proviennent des réfractions des faibles rayons qui pénètrent dans l'appartement. Ces couleurs peuvent encore être attribuées aux autres rayons qui se mêlent à celui que vous recevez dans la seconde chambre obscure, et qui passent avec lui par le trou fait à la partie mobile dont elle est composée. Ce rayon vu à l'œil nu semble bien pur, mais le prisme ne nous laisse pas long-tems dans l'erreur, et chaque couleur doit occuper sa place.

Ainsi, je combats la seconde partie de votre système, en disant qu'elle est basée sur des résultats faux; et je considère la première comme concordant à-peu-près avec les idées newtoniennes, comme une réfraction des rayons plusieurs fois réfléchis; ou, si vous l'aimez mieux, nous dirons que ce n'est qu'un déguisement de la diffraction, ou inflexion de Grimaldi, et prenant alors le tome 2ème du Traité élémentaire de Physique du célèbre Brisson, je fis l'application des paragraphes 1432, 1433, 1434, 1472, 1473, 1474, aux phénomènes que M. Barattieri prétendait ne pouvoir être expliqués qu'avec sa théorie; ensuite je lui demandai l'explication de la coloration des corps que Newton donne avec tant de facilité. Enfin, mes principales questions furent celles-ci : Si le rouge est le rayon le plus faible, pourquoi est-il le seul qui traverse les verres enfumés dont on se sert pour les observations astronomiques ?

Si la chaleur et la lumière n'ont pas la plus grande analogie, pourquoi un corps noir brûle-t-il plus vîte qu'un blanc, et pourquoi les rayons dont elle est composée, ont-ils différens degrés de chaleur?

Pourquoi les couleurs bleues végétales réfléchissent-elles les rayons rouges par l'addition des acides, et les verds, par celle des alkalis.

J'aurais continué long-tems sur ce ton; mais M. Barattieri me répondit que son grand âge ne lui permettait pas d'espérer de pouvoir donner, un jour, une solution satisfaisante des questions et des objections embarrassantes que je venais de lui faire, et il se vengea de mon attaque, par une critique du système newtonien.

Je t'envoie les tableaux des altérations que les cinq couleurs principales éprouvent suivant le comte Barattieri ; un autre tableau analytique de la lumière, et enfin celui des aires ou quarrés colorés, nécessaire pour répéter les expériences du physicien de Plaisance.

J'ai rempli les devoirs qui m'étaient imposés par l'amitié qui nous lie; je t'ai comuniqué tout ce que je savais sur la lumière; je souhaite que mes efforts t'épargnent des peines et le tems qu'on consacre à cette étude, et si tu as trouvé quelques charmes à te traîner avec moi sur d'arides détails, nous nous soutiendrons mutuellement dans la vaste carrière que nous parcourons avec le desir, en correspondant sans cesse, en développant dans nos lettres, les sublimes vérités qui commandent l'attention du philosophe. Persuade-toi, mon jeune ami, que les difficultés qu'on éprouve pour s'instruire, diminuent toujours en raison directe de la bonne volonté. Si tu vois nos grands hommes, que ton premier sentiment soit à l'admiration, le second au desir de les imiter. César pleura sur un portrait d'Alexandre qu'il vit à Cadix; Alexandre versa des larmes d'envie et d'admiration sur la tombe d'Achille; tous tentèrent de s'illustrer en craignant de ne pouvoir y parvenir... L'Histoire en les jugeant, en rapportant leurs actions, me permet de te dire avec le poëte.

Va, suis sans balancer cette noble carrière,
Il suffit de vouloir pour y paraître grand:
L'aigle qui d'ici bas vole vers la lumière,
Avant de s'élever fixe un astre brûlant.

Je recevrai avec plaisir, le résultat des observations qu'on fera sur ma correspondance avec toi, si tu la communiques à tes maîtres. Adieu.

Tableau premier.

LUMIÈRE RÉFLÉCHIE.

Altérations que souffrent les cinq Couleurs plus distinctes du spectre solaire imité.

ROUGE.	*Le Rouge, dernière couleur de la série de deux aberrations analogues.*	rouge radical. rouge clair. verd.
JAUNE.	*Le Jaune, couleur* médiaire *de la série de deux aberrations analogues.*	rouge clair. orangé. jaune radical. verd.
VERD.	*Le Verd, combinaison des Couleurs médiaires, jaune et bleu.*	rouge. jaune. bleu. violet.
BLEU.	*Le Bleu,* médiaire *de la série de deux aberrations opposées.*	rouge. orangé. verd, jaune clair. bleu radical. violet.
VIOLET.	*Le Violet, dernière de la série de deux aberrations opposées.*	rouge. verd foncé. violet radical.

LUMIÈRE DIRECTE.

Altérations que souffrent les cinq Couleurs plus distinctes du spectre solaire nevvtonien.

ROUGE.	*Le Rouge, dernière couleur de la série des couleurs de deux aberrations analogues.*	rouge radical. rouge clair. verd.
JAUNE.	*Le Jaune*, médiaire *de la série des couleurs de deux aberrations analogues.*	rouge clair. jaune radical. verd.
VERD.	*Le Verd, combinaison des couleurs médiaires, jaune et bleu.*	orangé. jaune. bleu.
BLEU.	*Le Bleu* médiaire, *de la série de deux aberrations opposées.*	orangé. verd. bleu radical. indigo.
VIOLET.	*Le Violet, dernière de la série de deux aberrations opposées.*	orangé. verd. verd foncé. indigo. violet radical.

TABLEAU ANALYTIQUE DE LA LUMIÈRE.

LUMIÈRE.

SA NATURE ET SES QUALITÉS GÉNÉRALES.

La lumière est un corps fluide très-ténu, très-délié, qui rend les objets sensibles en affectant notre œil de cette vive impression que nous nommons *clarté*. Ce corps fluide occupe l'espace existant entre l'objet visible et l'organe qui en reçoit l'impression, il donne la couleur et l'éclat à toutes les substances de la nature, nous lui devons presque toutes nos idées. Il émane des corps lumineux, comme le soleil, les *étoiles fixes*, etc.

Les files d'atomes qui le composent, se propageant de toutes parts en lignes droites, sont ce que nous nommons *rayons de lumière*. La rapidité de sa marche est telle qu'elle vient du soleil à la terre en 8 minutes, sa vitesse est 900,000 fois plus grande que celle du boulet qui sort du canon. On doit la classer parmi les corps, parce qu'elle se comporte comme eux. 1°. Elle obéit aux lois de l'attraction et de la répulsion qui font qu'elle *se* réfléchit et se réfracte. 2°. Si elle tombe en trop grande quantité sur l'organe de la vue, elle *l'offense*. 3°. Comment pourrait-elle agir sur les corps si elle n'en était un, 4°. Les belles expériences du savant *Tyngry*, professeur de Chimie et d'Histoire naturelle, membre de plusieurs Académies et Sociétés savantes, prouvent que la lumière est pesante, puisqu'elle augmente la pesanteur des huiles essentielles auxquelles elle se combine, sans cependant augmenter leur volume. *V. Journal de Physique, tom. III. an 6* Nous ne citerons point les expériences de Benedict Prévot, dont les calculs hypothétiques ne prouvent rien en faveur de la pesanteur de la lumière. 5°. *J'ai observé* que lorsqu'elle passait au travers d'un flacon à demi-plein d'alcohol, elle déterminait l'évaporation en ligne droite sur la partie du vase qui touchait le mur, ou que j'avais couverte avec un papier noir. L'optique est la science qui traite de son émission et de sa propagation, elle a la plus grande analogie avec le feu, aussi M. Deluc a t-il-dit: que le feu, cause immédiate de la chaleur est composé de lumière et d'une substance inconnue. La petitesse des parties de la lumière est démontrée par le docteur Nieuwenitt, qui calcula qu'un pouce de bougie converti en lumière, a été divisé en un nombre de parties qu'on *représente* par le chiffre 269,617,140, suivie de 40 *zéros*, ou qu'à chaque *seconde* que la bougie brûle, il doit en sortir un nombre de parties exprimé par le chiffre 418,660 suivie de 39 *zéros*, nombre qui épouvante l'imagination: elle s'affaiblit en raison du quarré de la distance.

ACCIDENS AUXQUELS ELLE EST SOUMISE.

Chaque point d'un corps lumineux envoie sans cesse des rayons dans toutes les directions imaginables. Ces rayons illuminent d'autres corps qui les réfléchissent et les envoient à leur tour selon toutes leurs directions. Si un rayon de lumière tombe obliquement sur une surface polie, il est dérangé de sa route par réflexion, ou par réfraction. Les grandes lois de la nature l'attraction et la répulsion déterminent dans la lumière trois accidens qu'on nomme:

RÉFLEXION.

Changement de direction que reçoivent les rayons de lumière, lorsqu'ils rencontrent des obstacles impénétrables pour eux, et qui les empêchent de passer outre. Les raions sont toujours réfléchis par la force de répulsion avant qu'ils aient touché les corps, ainsi à la rencontre d'un corps opaque elle se réfléchit de manière que son angle de réflexion est égal à celui de son incidence. Elle constitue la visibilité qui est cette propriété des corps qui agit sur l'œil et détermine la vision.

La catoptrique est cette partie de la physique qui s'occupe de la lumière réfléchie.

RÉFRACTION.

Inflexion détour ou changement de direction d'un rayon de lumière qui passe d'un milieu clair dans un plus dense et qui s'y brise en s'approchant de la perpendiculaire la réfraction a lieu par l'attraction du corps et s'infringe avant même que la lumière le touche; et lors qu'elle est refractée dans une chambre obscure par un prisme à trois pans elle se decompose en 7 rayons qui sont différemment réfrangibles, différemment colorés et différemment réflexibles, ils sont *rouges, orangés, jaunes, verds, bleus, indigos, violets*. Les rayons sont réfractés de manière que le sinus d'incidence est au sinus de réfraction en raison constante. La dioptrique est la science qui a pour objet les effets de la lumière réfractée.

DIFFRACTION.

Lorsque la lumière rase les bords opaques des corps, elle souffre une déviation qu'on nomme *diffraction, inflexion*: elle fut découverte par Grimaldi. La diffraction est donc cette inflexion des raions lumineux et qui se fait à la superficie, ou auprès de la superficie des corps, et d'où résulte non-seulement une plus grande ombre, mais encore à côté de cette ombre plusieurs zones de couleurs semblabe à celles du spectre solaire.

COMBINAISON
de la Lumière et des Couleurs.

Lorsque la lumière éclaire un corps opaque qui la réfléchit sans la décomposer comme les corps blancs, nous disons que l'objet est illuminé: l'interception des rayons lumineux est ce que nous nommons *ombre*; la forme des corps dépend de la lumière et de l'ombre, ou du moins c'est ainsi que nous les jugeons lorsque nous ne les touchons pas. Tous les corps colorés réfléchissent la couleur qui est propre à la configuration de leurs molécules; les couleurs prismatiques ou primitives se combinent en cent dix-neuf manières.

Suivant le Nestor de la Physique, le célèbre Bresson, combinées deux à deux, elles fournissent vingt et une nuances ou teintes différentes: trois à trois, trente cinq; quatre à quatre, trente cinq; cinq à cinq, vingt et une: six à six, sept: nous ne comptons pas leur différentes quantités ou proportions qui donnent des nuances à l'infini.

COLORATION.
Effets de la Lumière sur les animaux et sur la végétation.

La lumière considérée dans les phénomènes chimiques, a la propriété d'enlever l'oxigène aux corps brûlés. C'est ainsi que l'acide nitrique se colore et devient nitreux par le contact de la lumière.

Les animaux la recherchent et souffrent s'ils en sont privés: l'homme qui en a connu l'influence, lui doit toutes ses jouissances: la vue règle tous les sens, et n'est réglée que par un seul, celui du tact. Mais la privation de la lumière est sensible dans les maladies qui affectent les infortunés plongés dans les cachots ou dans les mines; leur couleur est terne, pâle; ils languissent, la vitalité est sans énergie chez eux, et leur état est absolument comparable à l'étiolement des plantes. *Sennebier* qui voit tout avec le regard du génie, nous apprend que les différens rayons qui composent la lumière, ont différens degrés de chaleur, que leur force réductrice ou la propriété de débrûler les corps est aussi très-différente, et qu'elle est peut-être comme la réfrangibilité à la réflexibilité. Elle décompose l'eau, puisque les plantes exhalent de l'oxigène par son contact. Elle altère la couleur des bois d'une manière sensible, parce qu'ils contiennent de la résine. Elle est anti-septique, car les feuilles qui y sont exposées, pourrissent moins vite que celles qui sont à l'ombre. Elle se combine avec les végétaux dont la résine est une partie constituante. Les fruits crus à l'ombre, sont moins sapides que ceux qui croissent exposés à la lumière. Elle épaissit les huiles essentielles, décolore les huiles grasses et change leur nature. Tous les végétaux sont colorés par elle, et s'ils changent de couleur, c'est que leurs molécules changeant de densité, de forme, ne sont plus propres à réfléchir la même espèce de rayons.

TABLE DES MATIÈRES.

Nota. On doit se servir pour répéter les expériences du Comte Barattieri sur la lumière réfléchie, de trois séries de petits quarrés peints aux couleurs suivantes:

Ière série. Jaune pâle, jaune orangé pâle, orangé rouge pâle, rouge.

IIème série. Bleu clair, bleu, indigo clair, indigo, violet clair, violet.

IIIème série. Six teintes à l'encre de la Chine, qui du gris doivent passer successivement jusqu'au noir très-foncé.

La couleur de ces quarrés doit être très-uniforme. Leur dimension est de deux centimètres dans tous les sens. On les place sur un fond blanc ou noir, suivant l'expérience qu'on fait.

FIN DE LA TABLE.

ERRATA.

Au lieu de	*lisez*	*pag.*	*lignes*
apier,	papier,	50	1
ports,	pores,	49	10
dées,	idées,	101	26
	Essai sur les sensations.		
fragantes	fragrantes	4	29

www.ingramcontent.com/pod-product-compliance
Lightning Source LLC
Chambersburg PA
CBHW071701200326
41519CB00012BA/2591

9782012688322